# エコステージ

吉澤 正 [監修]

有限責任中間法人
エコステージ協会 [編]

## 環境経営評価・支援システム

日科技連

# はじめに

　本書は,「エコステージ」の基本的な考え方と仕組みを解説した初めての単行本である.「エコステージ」は,中小企業による環境経営システム構築とその運用を支援して,経営的にも効果のあがる環境経営となることを目指す新しい環境経営評価・支援システムである.「エコステージ」は,名古屋の環境マネジメント研究会において始められたものであるが,現在は,多数の企業やNPO法人の参加,そして大学関係者などの個人的な参画を得て,2003年11月に有限責任中間法人エコステージ協会が創立され,全国事務局と当協会に所属する各地のエコステージ研究会を中心に,全国的に展開されつつある.

　いわゆる環境ISOの制度が世界的に普及し,特に日本では世界をリードして2004年の3月には1万4000件もの登録件数に達している.環境ISOは,国際規格ISO14001環境マネジメントシステムへの要求事項を満たすように組織・企業が環境マネジメントシステムを構築し,それを第三者である審査登録機関が審査し,要求事項に適合していれば,適合事業者として登録する制度である.地球温暖化を始め,人類を含む地球の生態系に悪影響の心配される地球環境破壊が進みつつある今,法規制やリサイクルなどの社会制度ばかりでなく,組織の活動,その製品やサービスに関する環境への影響を自主的に前向きに管理する環境経営,特に適切な環境マネジメントシステムの構築とその運用が不可欠となっている.

　そこで,環境ISOの重要性は一層高くなっており,日本での急速な普及は世界的にも高く評価されている.すでに日本では,大企業のみならず1万を超える中小企業が環境ISOに取り組んではいるが,それを5万,10万,50万と広げて,事業所数で650万,企業数でも各法人を加えて約300万のすべての組織が環境マネジメントに積極的に取り組むようになるには,現在の環境ISOの制度に加えて,国内外で多様な運動,特に中小企業を対象とした運動を展開していかなければならない.

そのような運動の1つとして，現在全国的に展開され始めたのが「エコステージ」である．「エコステージ」は，中小企業に無理なく導入できる【エコステージ1】から，環境経営の基礎レベルの【エコステージ2】．さらに，継続的改善を進めて環境経営のレベルをあげる【エコステージ3】，環境経営の成果があがって有効なパフォーマンスになる【エコステージ4】．そして，原価改善や情報開示についても有効となる【エコステージ5】に進化できる仕組みになっている．段階的な仕組みは「エコステージ」の第1の特徴であり，本システムは単に簡易版の環境ISOではない．

　また，「エコステージ」の導入から評価までを1人のコンサルタントが評価員としても機能できる仕組みなどによって，環境経営システム構築・運用のための経費を抑える工夫をしている．適切なコンサルティングと客観的な評価に努力しなければならないが，コンサルティングと評価の両立を図っていることが第2の特徴である．

　本書では，第1章において「エコステージ」の目的，概要，特徴，代表的なメリットを説明する．先に「エコステージ」の段階性やコンサルティングと評価の両立などの特徴に触れたが，そのほかの多くの特徴があり，中小企業にはもとより，大企業にも活用が可能で大きな効用があると考えられる．

　第2章から第5章において，「エコステージ」の基本レベルからより上級のレベルまでの要求事項やコンサルティングの進め方と評価の仕組みを解説する．

　次に，第6章において全国各地ですでに取り組まれた事例を紹介し，いろいろな規模，業種，業態の中小企業でいかに「エコステージ」が活用されているかを示す．

　最後に，第7章では今後の方向を考え，第8章で主要な事項についてのQ&Aを取り上げ，資料集として評価用のチェックシートや帳票類などを収録する．

　中小企業においては，多くの企業が環境問題に自ら関心を持つようになっており，また取引先からも，環境に留意した原材料の使用，有害物質使用の排除

と関連情報の開示，ライフサイクルからみた環境にやさしい活動への取り組み，従業員の環境教育の強化を進めることなどを強く要請されるようになってきている．

一方，大企業は，グリーン調達ないし購買にともなう取引条件として，連結決算に含まれるような企業に対してはISO14001の審査登録を求め，さらに多数を占める一般の中小取引先には，それぞれの大企業が指定する範囲での環境経営への対応を求めてきた．大企業が中小の取引先に求める環境経営の範囲はさまざまであるが，現状では【エコステージ1】がもっとも適していると思われ，多くの企業から賛同を得て，グリーン調達条件に「エコステージ」が組み込まれるようになってきている．

「エコステージ」の特徴でもあるコンサルティングと評価が分離されていない点は，環境ISOで実施されているような国際的な認定認証制度にはなっていないことを示している．したがって，【エコステージ2】以上に到達していることが認められても，環境ISOによる審査登録と同じではないことに注意していただきたい．【エコステージ2】以上に到達した企業は，比較的ISO14001への移行が容易であり，環境ISOを取得することを妨げるものではない．「エコステージ」では，経営支援の質を向上させるために，第三者評価委員会を各地域のエコステージ研究会に置き，評価員から申請された企業の評価結果を審査することにより，評価員の活動をチェックすることとしている．

今後，たゆまぬ努力を続けて，「エコステージ」の仕組みを改善・進歩させ，わが国の企業・組織の環境経営のレベルをあげていくことに貢献するものと期待されている．関係各位の暖かいご支援・ご指導をお願いする次第である．

われわれは，地球環境保全活動の原則の1つが生物多様性の維持を重視することにあるように，環境経営においても環境ISOのみでなく，多様性のあるシステムが共存する方が社会的には望ましい状況であると考えている．現在，中小企業における環境経営の普及を目的とする各種のシステムが提案されているが，環境ISOを中心に，それらが相互に協調し，適切なシステムへと進化し発展することを願っている．

末筆ながら，これまで「エコステージ」を発案し，中部地域で発展させてこられた東海研究会の方々，「エコステージ」の全国展開にあたって，東京研究会ならびに関西研究会を発足させて「エコステージ」の普及に熱心に取り組んでおられる方々に，執筆者を代表して謝意を表したい．
　2004年4月吉日

執筆者代表<br>吉澤　正

---

　なお，本書は執筆者の責任において書いたものであるが，有限責任中間法人エコステージ協会は，公式文書として，『「エコステージ」で始める環境経営評価支援制度活用の手ほどき』を発行している．ご関心の向きは，その小冊子の最新版を協会より入手していただきたい．協会のホームページアドレスは以下のとおりである．

　　http://www.ecostage.org

# 目　次

はじめに……………………………………………………………………………iii

## 第1章　エコステージとは …………………………………………………1
1.1　今なぜエコステージなのか―そのメリットは　2
1.2　エコステージ協会の組織と仕組み　5
1.3　エコステージの主旨と全国展開の経緯　7
1.4　環境ISOの普及と考え方　9
1.5　ニューアプローチの導入　10

## 第2章　エコステージの基本システム ……………………………………13
2.1　エコステージのステージとは　14
2.2　エコステージ評価項目のレベル評価基準の考え方　15
2.3　レベル評価点の活用　17
2.4　エコステージ1の評価項目とレベル評価の着眼点　19
2.5　エコステージ2の評価項目とレベル評価の着眼点　22

## 第3章　エコステージ1,2のシステムのつくり方―導入の手ほどき …29
3.1　エコステージ導入のポイント　30
3.2　エコステージ1のシステムづくり　31
3.3　エコステージ2のシステムづくり　42

## 第4章　エコステージ3,4,5のシステムとステージアップのポイント…51
4.1　エコステージ3,4,5の解説　52
4.2　エコステージ3,4,5の評価項目　56
4.3　エコステージ3,4,5のステージアップの手ほどき　59

第5章　エコステージ導入推進の進め方とポイント …………… 69
　5.1　エコステージ支援・評価のステップ　　70
　5.2　評価の申し込みとエコステージ宣言　　71
　5.3　事前調査書の記入　　72
　5.4　ファーストステップと追加コンサルティング　　72
　5.5　セカンドステップとフォローアップ評価　　77
　5.6　第三者評価委員会での審査　　85
　5.7　定期評価・更新評価とステージアップ　　85

第6章　各地のエコステージ導入事例 ……………………………… 87
　1．魚新　—エコステージに挑戦する日本料理店—　　88
　2．毎日興業　—本社を起点にグループへの拡大を目指す—　　91
　3．渡辺製作所　—「全員参加」で地域環境を守る—　　93
　4．木曾興業　—環境配慮製品を拡販する木曾興業の事例—　　95
　5．オクソン　—愛知万博後に向けた勝ち組戦略の第一歩に—　　97
　6．萩原町　—子どもの環境教育が地域コミュニティーの向上に—　　100
　7．NTN　—環境サプライチェーンの構築に向けた取り組み—　　104
　8．アピネス　—パート社員を活用した環境品質の実現—　　106

第7章　エコステージの今後の方向性 ……………………………… 109
　7.1　エコステージの制度的進化　　110
　7.2　エコステージの普及　　111

第8章　エコステージQ&A ………………………………………… 113

資料集 …………………………………………………………………… 119
　1．エコステージ評価基準兼チェックシート　　120

2．エコステージ1：環境経営システム構築に役立つ帳票類　　*134*

引用・参考文献…………………………………………………………*153*
索　引……………………………………………………………………*155*

## ［執筆者一覧］
吉澤　　正（筑波大学名誉教授，帝京大学教授）
佐野　　充（名古屋大学教授）
矢野　昌彦（UFJ総研マネジメントシステム）
中谷　典敬（UFJ総研マネジメントシステム）
佐野真一郎（UFJ総研マネジメントシステム）
松田　理恵（UFJ総研マネジメントシステム）
小林　　正（UFJ総合研究所）
岡本　泰彦（UFJ総合研究所）
手嶋　　幹（UFJ総合研究所）
弓場　雄一（UFJ総合研究所）

# 第1章

## エコステージとは

第1章では，今なぜエコステージが求められるのか，中小企業や大企業にとってのメリットは何か，エコステージ協会の組織と仕組み，エコステージの主旨と全国展開の経緯を説明する．また，環境ISOの考え方に触れて，エコステージとの関係を明らかにしたい．

## 1.1　今なぜエコステージなのか──そのメリットは

　今，エコステージがなぜ必要とされるのか，そのニーズの根拠は3つある．
　第1は，多くの中小企業にとっては，導入しやすく役立つ環境経営システムが求められている点である．環境経営は，環境マネジメントあるいは環境管理といってもよいが，中小企業にとっては，管理もマネジメントも経営そのものであり，経営に役立たなければ意味がない．これは，すべてのシステム共通の課題であるが，環境ISOとの違いを明確にするため，エコステージでは環境経営という言葉を使うことを原則とし，認証取得を目的とせず，支援を目的としている．
　第2は，大企業は，連結決算に含まれる関係企業に対しては環境ISOの認証取得を進めているが，その関連の多数の取引先に対しては，取引条件として，使いやすい環境経営システムの導入をしたいと考えている点である．現在は，大企業が独自の条件と環境経営への要求事項をそれぞれ設定しているので，中小企業も困惑している面が見受けられる．
　第3は，環境経営のレベルを継続的に向上させ，段階的により高いレベルへと挑戦していくようなコンサルティングとそれらを支える仕組みが不足している点である．

　環境マネジメントシステムに対する要求事項の規格ISO14001が1996年に発行され，いわゆる環境ISOの審査登録制度が急速に普及した．環境ISOは，1.4節や1.5節で触れるように，現在のようにグローバル化の進んだ世界では，企業の社会的責任の一環としても欠かせないものとなっている．

その環境ISOは，上記のニーズに応えられないのか．答は，必ずしもNOではないかもしれないが，一般の中小企業にとっては，ISO14001の要求どおりに環境マネジメントシステムを構築し，第三者の審査登録機関の審査を受けて認証を取得し，経営に役立つようにしていくには，経費や人材の点で，その負担が重すぎるという声があがっていた．そこで，京都市の「京のアジェンダ21フォーラム」は，KESという環境マネジメントシステムの簡易な要求事項を提案して，中小企業での環境マネジメントシステム導入の支援を始めた．エコステージは，さらに環境経営というコンセプトで，独自の特徴を持つように工夫されて，東海地方で始められた．

また最近は，大企業や自治体でのグリーン調達が進み，特に電機業界などでは，EU対策としても，自社製品に有害物質を使っていないかどうかを確認することが重要な課題となり，その部品や資材に使用している物質についての情報を一般に知らせることも必要となってきた．そこで，原材料や部品の供給業者に対して，それらの情報開示はもとより，取引きの継続にあたっては，適切な経営管理を裏づける環境経営システムの構築や運用について厳しい条件をつけるようになってきたのである．企業によっては，ISO14001の認証取得を取引条件とする場合もあるが，それでは中小企業である取引先の負担が重すぎるとして，企業ごとに独自に定めたISO14001よりゆるやかな要求事項とする環境経営システムの構築を求める場合が多くなっている．

中小企業が，そのいくつもの取引先から，異なる要求事項を持つ環境経営システムの構築や認証を要求されるのは大きな負担であり，大企業にとっても中小企業を支援しなければならない状況となってきている．

そこで，エコステージのような中小企業に負担が少なく，かつ経営的にも効果が出るようなコンサルティングを受けることのできるシステムが，産業界で広く受け入れられるようになりつつある．現在，エコステージ1の導入推進を取引条件に取り入れる大企業が増加している．

また，中小企業自らも，大企業にいわれなくても環境保全に配慮する経営管理を実践したいと考えるところも増えてきており，取引先からの調達条件がば

らばらであることに困惑しているケースも出てきている．例えば，有害物質についての取引先からの問い合わせが多くなってきており，それに対処する仕方で混乱が生じてきた状況もある．さらに，環境経営のレベルを段階的に向上させていきたいと考える企業も多く，そのようなニーズにエコステージは応えるものとなっている．

エコステージを導入推進することによる中小企業にとっての経営的なメリットは，上に述べたニーズに対応できることを含めて，次のようにまとめることができる．

① **取引上有利になる**：エコステージが大企業のグリーン調達条件に取り込まれつつある．
② **ムリがない**：中小企業にムリなくやさしく導入できる．
③ **ムダがない**：環境経営導入のコンサルティングと評価を1人の評価員が行うことができるので，コンサルティングと評価の相乗効果が期待でき，ムダもない．
④ **ムラがない**：経営改善を目的に，重点指向でコンサルティングが行われ，ムラがない．コンサルタントが評価にも責任を持つことにより，コンサルティングの質の向上を図りやすい．
⑤ **挑戦しがいがある**：エコステージは5段階にステージをあがっていくシステムなので，継続的な改善の効果が見えやすく，挑戦する目標の設定ができる．

エコステージの特徴とそのメリットは，表1.1に示すとおりである．大企業にとってのメリットは，先に説明したようにその取引先へ条件としてエコステージを利用することにより，取引先との良好なパートナーシップや信頼関係を築くことができ，大企業としても効率的に取引先を含めた環境経営を推進でき，ひいては社会的責任を果たすことにもなる．

表 1.1 エコステージの特徴とメリット

| 特徴 | 組織・企業にとってのメリット |
|---|---|
| ① 段階的な取り組みと評価 | ・環境経営の導入レベルでも，自社の環境取り組みに対するレベル評価や検証が可能．<br>・段階的な取り組みで ISO14001 への移行も可能． |
| ② 高度な環境経営へのレベルアップ | ・ISO14001 取得後において，より高度な環境経営への移行が可能．<br>・自社の環境への取り組みの高度性を社会へ発信可能． |
| ③ 評価員による環境経営支援 | ・エコステージ評価員が環境経営支援と評価を実施することによって，効率性を高めるとともに費用も抑えることが可能．<br>・第三者評価委員会で評価の客観性を維持． |
| ④ 社会へのアピール | ・エコステージへの取り組みをトップが決定・自己宣言し，評価機関に評価の申し込みを行った時点で，エコステージ協会のホームページに掲載．<br>・ロゴマークの会社案内や名刺への表記も可能． |
| ⑤ 他組織との比較評価 | ・評価項目の点数化・定量化により，他組織との比較によって，自社の強み・弱みの把握が可能．<br>・要求事項を超えた環境への取り組みの独自性や先進性も加点評価． |
| ⑥ グリーン調達の判断基準 | ・関連企業や調達企業への普及により，外部組織も含めた企業活動全体のグリーン化が可能．<br>・小さな組織でも容易にグリーン連鎖に参加可能． |

## 1.2 エコステージ協会の組織と仕組み

エコステージ協会の組織は，**図1.1**のとおりである．社員総会，会長，理事会の機能のほかに，評議会，評価基準委員会や各地区に第三者評価委員会を有している点が特徴である．

- 「評議会」は，理事会の諮問機関としてエコステージ制度全体のアドバイザリーボードとなっている．
- 「評価基準委員会」は，評価基準の策定及び改廃に関する検討や教育機関の審査を行っている．

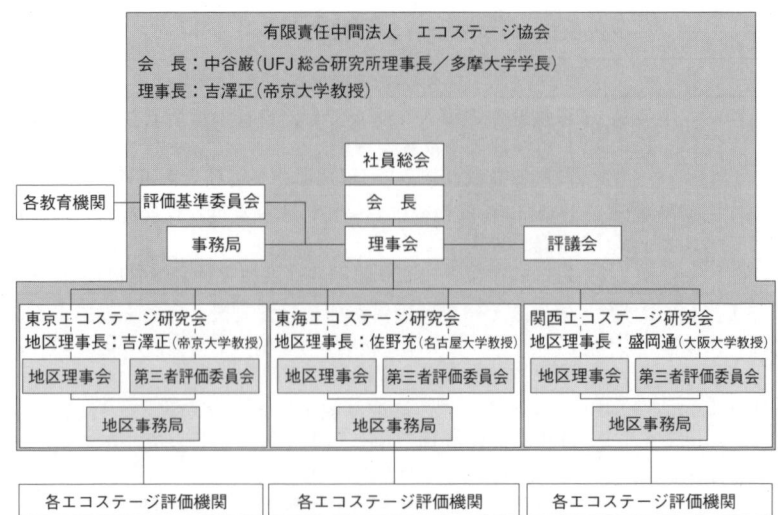

図1.1　エコステージ協会の組織

- 「第三者評価委員会」は，評価機関の審査や評価機関が実施するエコステージ評価の審査，評価員の能力やコンサルティング活動の審査などを行っている．

　各企業などへの環境経営の支援は各「エコステージ評価機関」が行い，それを統括するのがエコステージ協会の役割となっている．

　図1.2は，エコステージの全体の流れを示したものである．

　エコステージ協会がこのエコステージの全体の管理を担当しており，環境経営評価支援システムの構築，評価基準の策定及び環境問題に関する研究・交流を行っている．

　主な流れとしては，エコステージの導入を希望する評価対象組織が，環境経営の自主的な取り組み項目を宣言し，エコステージ評価機関の評価・支援を受ける．その結果が良好であれば，評価員が第三者評価委員会に報告を行い，第三者評価委員会がエコステージ1～5の認証及び第三者意見書を発行する．エコステージ協会は，エコステージの組織的取り組みを社会へ発信する役割を担う．

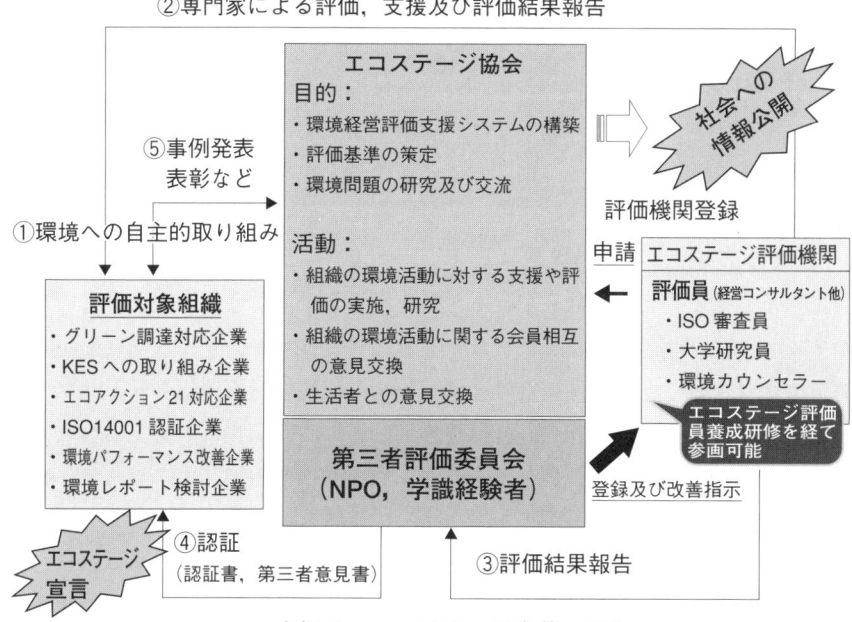

図 1.2　エコステージ全体の流れ

## 1.3　エコステージの主旨と全国展開の経緯

エコステージ協会設立の目的は，次のようなものである．
① 産学官連携により，組織（事業者）による環境経営の進展を支援する．
② 組織における環境経営の改善・改革の方向を示して継続的改善を支援する．
③ 継続的改善のための支援技法やツールを開発して紹介する．
④ 環境経営を通じた関係者の交流を支援する．

エコステージのねらいは，「企業の環境効率（Eco-Efficiency）の向上」と「社会のグリーン化への挑戦」の2つであり，サイト単位の環境対策のみでなく，企業経営そのものに環境配慮を促進させ，さらに，取引先や顧客に環境経営を

連鎖させていくことである．

「環境効率」とは，企業がつくり出す「製品もしくはサービスの価値」と「環境負荷」との関係を示すものであり，「付加価値(売上など)／環境負荷」で一般に指標化されている．最近では，環境先進企業において事業活動にともなう環境負荷を最小化しつつ，創造する価値の最大化をねらう指標として活用する事例が増えてきている．

「社会のグリーン化への挑戦」とは，エコステージを活用して環境経営を社会に普及させることを意味している．個々の企業や団体などの環境経営のレベルアップ(縦展開)のみでなく，行政，業界団体及び大企業が，環境に配慮した施策や経営を行うため，関連会社や調達先にも環境経営を連鎖させ，サプライチェーン全体のグリーン化(横展開)を推進している．環境への自主的な取り組み項目の自己宣言に加え，各社のグリーン調達基準を追加してエコステージ評価員が改善勧告を行うことができ，グリーン連鎖を可能としている．

さらに，地域団体(商店街や各種協会・団体，子供会など)へのエコステージ評価・支援を通じて，地域のグリーン化へと発展させ，社会のグリーン化をも目指している．

エコステージは，2001年に名古屋に設置された「エコステージ研究会」(代表者：佐野充名古屋大学教授)によって，制度・基準の検討とその普及が図られてきた．

中部地域において㈱デンソーなどの支持もあり，2001年4月～2004年3月までに約50件の実績を積み重ね，その有効性についても検証されてきた．2003年になって，その基本的な考え方，普遍性ならびにオープンな仕組みについて多方面からの賛同が得られ，東京，東海，関西の地域別にエコステージ研究会が設置され，全国的に展開されることとなった．現在は，全国組織を有限責任中間法人という形で組織し，各地域での研究会の自主的な活動を尊重しつつ，基準の明確化と評価員の養成を急いで，その発展を期しているところである．

事務局は，㈱UFJ総研マネジメントシステム（名古屋）に置いているが，2004年度には，東京都内に協会事務局が移転される予定である．現在，東京，名古屋，大阪の各地研究会によって活発な活動が開始されている．

これまでの経緯を以下に示す．
- 1998年10月：名古屋にて「環境マネジメント研究会」発足
- 2001年4月：上記研究会を名称変更し「エコステージ研究会」として発足
- 2002年4月：「エコステージ全国大会」を名古屋で開催
- 2003年1月：「東京エコステージ研究会」発足
- 2003年3月：「関西エコステージ研究会」発足
- 2003年11月13日：「有限責任中間法人エコステージ協会」発足

## 1.4 環境ISOの普及と考え方

1980年代に酸性雨や地球温暖化問題など，さまざまな地球環境問題が表出し，企業はそれらへの対応を余儀なくされ，グローバル化した企業を先頭に，それまでの比較的ローカルな公害対策から，グローバルな地球環境保全を意識した経営に取り組むようになった．例えば，環境問題担当部署の新設や担当重役の任命，内部環境監査の強化，製品アセスメントへの取り組みなどがあげられる．

1990年代に入ると，経団連地球環境憲章を始め，国際的には国際商業会議所による憲章などにより，産業界でのあるべき対応や方向性が示されるようになった．

このような動きの中で，1993年にはISO（国際標準化機構）において，環境マネジメントシステム及び環境マネジメント支援技法の標準化を行うための専門委員会TC207が設置された．そして，1996年には，ほかの規格に先駆けて，環境マネジメントシステムの仕様（要求事項）の規格ISO14001，そのガイドラインISO14004，環境監査用の規格ISO14010，ISO14011，ISO14012の5つのISO規格が発行された[1]．

これらの規格は，先行して世界的に普及しつつあった品質マネジメントシステム審査登録制度に続くものとして，各国において環境マネジメントシステム審査登録制度[2]が創設され，環境を重視する経営が浸透することを期待して発行されたもので，国際規格としては異例のスピードで合意に達した．

　日本では，通産省(現経済産業省)や経団連の強いサポートもあり，その5規格は直ちに翻訳されて，国際一致規格として日本工業規格に取り込まれた．並行して，㈶日本適合性認定協会を要とする環境マネジメントシステム審査登録制度が試行され，1996年から正式に発足した．これがいわゆる環境ISOであり，発行後8年を経て，1万4000件(2004年3月現在)を超える登録数に至っている．

## 1.5　ニューアプローチの導入

　環境ISOは，グローバル社会でのインフラの1つともいえる適合性評価制度の範疇に位置づけられる．現代社会がなぜ適合性評価制度を必要とするか，どのような適合性評価制度が実在しているか，適合性評価制度を適切に運用するにはどのような工夫がいるのか，適合性評価制度への社会の信頼はどのようにして確保されるのか．それらの問題は，本書の主題であるエコステージを考えるうえでも重要なことであるので，ここで簡単に触れておく[3]．

　EU統合や世界的な自由貿易を推進する枠組み確立のために，従来行われて

---

1) ISO14010～12は，2002年に品質マネジメントシステム監査の規格と統合され，ISO19011「品質及び／又は環境マネジメントシステム監査のための指針」となっている．
2) 審査登録は英語では，assessment and registrationというが，欧州など一般には，認証certificationという用語が使われる．
3) 詳しくは，吉澤正著『ISO14000入門』(日経文庫882)や㈶日本適合性認定協会編『適合性評価ハンドブック』(日科技連出版社)などを参照されたい．

きた国別の製品認証や試験所認定などの仕組みや基準類での考え方（いわゆるオールドアプローチ）を，グローバル化の進む社会の要請に合わせて新しい考え方（ニューアプローチ）に切り替えていこうとする流れが強まってきた．そのような流れの中で，EC理事会での1985年のニューアプローチ決議，1989年のグローバルアプローチ決議があり，そして，GATTからWTO／TBT協定による日本を含む国際間協定が締結されるようになった．

　従来は，国別に大きく異なる制度，及び製品性能や成果，結果ばかりでなく，そのためのプロセスや素材に至る詳細な基準で規制するような方式であった．そこから，各国共通で相互承認が可能な制度で，かつ政府の規制を結果重視にして詳細なプロセスはできるだけ各組織・企業に任せ，認定・認証業務を市場原理にゆだねる考え方に移行させようとするものである．

　特に，製品安全などの製品認証分野では，欧州でCEマーキングが先行して，世界に大変な影響を与えたが，多くの分野で適合性評価制度のグローバル化が検討されるようになった．例えば，食品安全や労働安全の分野では，現在でも法令によって細かなプロセスまで規制され，政府機関あるいはそれに準じる機関によって監査・監督される体制が続いている．しかし，世界的な流れでは，政府は基本的な仕組みづくりや基準作成にかかわって，人手の要する認定・認証・監査などの実行は民間機関にゆだねるようになっている．

　適合性評価制度は，法令によって規制される強制分野と，法令でなく産業界の自発的な参加となる任意分野に分けられるが，マネジメントシステムの審査登録制度は任意分野における代表的なものとなっている．現在，品質マネジメントシステム審査登録件数は世界で50万件，日本で4万件を超え，環境マネジメントシステム審査登録件数は世界で5万件，日本で1万4000件を超えているといわれる（2004年3月現在）．

　このような評価制度では，以下のような基準がISOや認定機関の国際組織IAFなどによって制定され，国際的に同等と認められる制度のもとで運営される．

　　① 評価基準，すなわち評価される側が守るべき要求項目を明確にした基

準(環境マネジメントシステムではISO14001).
② 評価(審査登録)を行う機関が評価の際に従うべき基準,また機関の経営管理において守るべき基準.
③ 評価を行う機関(審査登録機関)を認定する認定機関が従う基準.
④ 評価を行う審査員(監査員)の資格や研修,あるいは研修機関に関する基準.

適合性評価制度に属するような制度の導入にあたっては,自由貿易を促進しようとする世界的な潮流の障害にならないこと,できる限り世界共通で,ムダな重複がなく,産業界の発展を阻害しないものであることが必要である.また,産業界のニーズに合わせてその発展に寄与し,経営管理の透明性を求める社会の要請に応えるものであることが必要である.

## エコステージの基本システム

第2章では，まず，エコステージの基本システムとして，ステージの考え方，評価項目とそのレベル評価の考え方を説明し，評価点の活用方法に触れる．次に，5つのステージのうち，エコステージ1と2の評価項目のポイントを解説する．

## 2.1 エコステージのステージとは

エコステージにおいては，環境経営への段階的な取り組みとレベルアップを可能とする，次の5つのレベルが設定されている(図2.1)．

- ■エコステージ1：環境経営の導入初期段階で，基本的な経営管理要素について環境配慮が実施されているレベル．
- ■エコステージ2：環境経営の基礎レベルの要素が構築され，実施されているレベル．
- ■エコステージ3：システム改善が実施され，経営システムの中で必須要素である営業，購買，設計，工程，物流などの管理システムにも環境への配慮が実現できているレベル(ただし，業種により必須要素は異なる)．
- ■エコステージ4：経営システムの必須要素がカバーされ，かつ環境パフォーマンス指標に基づいた管理が実現できているレベル．
- ■エコステージ5：統合マネジメントが構築されているレベルであり，かつ環境会計及び情報開示により，環境パフォーマンスの改善及び社会とのコミュニケーションが実現できているレベル．

エコステージ1，2は，ISO14001取得準備や経営改善の推進に活用できるシステムであり，エコステージ3，4，5は，ISO14001取得後の経営パフォーマンスの向上や社会とのコミュニケーションをねらいとしたシステムである．

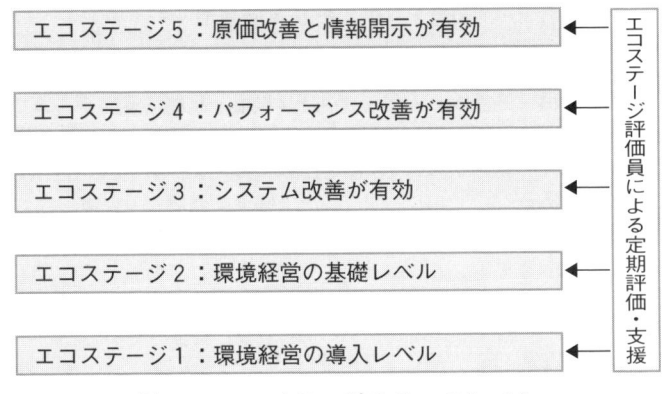

図 2.1　エコステージの5つのレベル

## 2.2　エコステージ評価項目のレベル評価基準の考え方

　エコステージ評価においては，各組織における環境経営の評価項目（後述の表2.4／p.23参照）ごとに5段階での評価が行われ，評価点が3点以上であれば合格であり，2点以下の場合は不適合となる．ただし，不適合と評価された項目でも，評価対象組織による是正処置後，処置の内容が適切であると評価員によって確認された場合には，点数の変更はないものの合格となる．

　エコステージの各ステージ（1～5）で必須の項目が設定されており，それら必須項目のすべてが3点以上または是正完了と評価された場合に，エコステージの認証を受けることができる．

　エコステージ評価は，「システム評価」と「パフォーマンス評価」とに分けられる．

### (1) システム評価

　「システム評価」とは，エコステージ基準に基づいた環境経営システムが組織内部に構築され（構築レベル），さらに環境経営システムに基づいた行動が有効に実行されているか（実行レベル）を評価するものである．システム評価基準

表2.1 システム評価基準

| 評価点 | 構築レベル評価 | 実行レベル評価 |
|---|---|---|
| 5 | 規模・業種・業態からみてモデルとなる | 規模・業種・業態からみて有効性が高く，トップクラスと判断できる |
| 4 | 規模・業種・業態からみて効率的かつ適切である | 規模・業種・業態からみて有効かつ確実に機能している |
| 3 | 規模・業種・業態からみてほぼ適切と判断できる | 規模・業種・業態からみてほぼ有効に機能していると判断できる |
| 2 | マイナーな不適合 | 実行度に一部問題がある水準 有効に機能していない |
| 1 | 重大な不適合，またはマイナーな不適合が多くある | まったく実行されておらず要改善 |

を，表2.1に示す．

ここで評価される環境経営の項目は，ISO14001やISO14004を参考に設定されており，例えばエコステージ1では，「組織管理」，「方針管理」，「法規制管理」，「教育／内部コミュニケーション」，「監視・測定管理」，「経営層による見直し」が評価を受ける際の必須項目としてあげられており，レベル評価を行うことが特徴である．エコステージ3，4，5においては，「システム改善管理」や「パフォーマンス管理」，「情報開示」など，ISO14001では規定されていない項目も含まれており，環境経営を発展させるためのツールが提供されている．

## （2）パフォーマンス評価（エコステージ4以上に適用）

「パフォーマンス評価」とは，環境経営システムの構築に基づいて改善を目指す，経営的ならびに環境的な指標をどのように設定しており（指標設定レベル），それら設定された指標が実際にどの程度改善されているか（指標達成レベル）を評価するものである．パフォーマンス評価基準を表2.2に示す．

ここで評価される環境経営システムの項目としては，「省エネルギー」，「省資源」，「廃棄物・リサイクル」，「環境教育」，「情報開示」などがあげられている．パフォーマンスについてはISO14001では規定されておらず，この点もエ

表2.2 パフォーマンス評価基準（エコステージ4以上に適用）

| 評価点 | 指標設定レベル評価 | 指標達成レベル評価 |
|---|---|---|
| 5 | 規模・業種・業態のモデルとなる指標の数とレベルになっている | 規模・業種・業態からみて有効性が高く，トップクラスと判断できる |
| 4 | 規模・業種・業態からみて適切な指標の数とレベルとなっている | 規模・業種・業態からみて達成度が高く，管理も有効と判断できる |
| 3 | 規模・業種・業態からみて指標の設定がほぼ適切と判断できる | 規模・業種・業態からみてほぼ容認できる達成度である |
| 2 | 指標の設定に問題がある | 達成度または管理に一部問題がある水準 |
| 1 | 指標が設定されていない | まったく達成されておらず，管理もされていない |

コステージの特徴としてあげることができる．

なお，「システム評価」はエコステージ1〜5のすべてに適用し，「パフォーマンス評価」はエコステージ4以上にのみ適用されているため，組織内部で環境対応がそれほど進んでいない，あるいは環境経営システムの構築が進んでいない企業にとっても，取り組みへの第一歩はふみ出しやすく，そこから企業の実情に合わせて徐々にステップアップできる仕組みとなっている．

## 2.3 レベル評価点の活用

前述のとおり，エコステージ評価においては，組織の環境への取り組みに対して「システム」と「パフォーマンス」の両面から点数評価を実施するため，以下のような活用が可能となる．

### (1) 内部比較と環境経営度向上

エコステージ導入組織は，評価を受けた各項目の比較，またシステム評価であれば構築レベルと実行レベルを比較することにより，環境経営システム項目の強みと弱みを明確化させることができる．

例えば，運用管理の実行評価が高いにもかかわらず経営層による見直しの実行評価が低い場合は，環境経営システムの基本的な要素である継続的改善がしっかりと行われていないという問題が浮き彫りとなる．また，特定の項目で構築レベルが高いにもかかわらず実行レベルが低い場合は，システムがうまく機能していないという課題へとつながる．

環境経営システム項目は環境に直結したものではあるが，環境のみならず経営そのものを改善していくという視点でも設定されるべきものであり，その意味では，エコステージ評価を環境と経営とを結びつけた「環境経営」の向上へと活用することが可能となる（図2.2）．

## （2）他社との比較

エコステージのもう1つの特徴として，エコステージ評価員と導入組織とが連携して，企業の環境経営度とともに企業業績をも向上させていくという点をあげることができる．これは，（1）項で述べたような環境経営システム項目の評価点及び企業業績を経年変化で比較することでも可能ではある．しかし，他

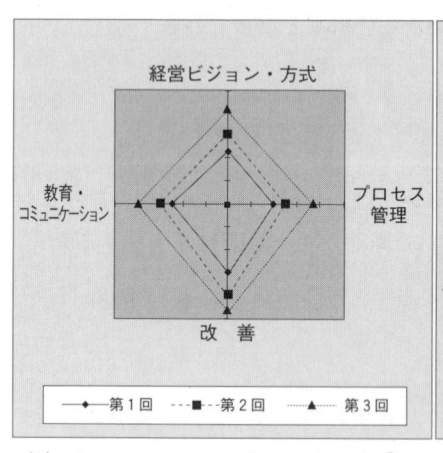

図2.2 エコステージのメリット①
「内部比較と環境経営度向上」

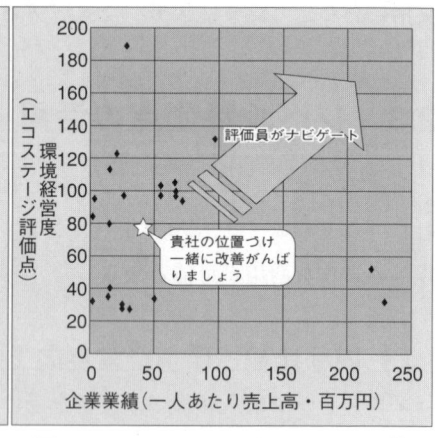

図2.3 エコステージのメリット②
「他社との比較」

社との比較を行うことによって，より効果的に自社のポジションを把握するとともに，自社の目指すべき方向を理解することは，環境経営度と企業業績をともに向上させるうえで，より効果的な指針となる(図2.3).

### (3) 環境効率の向上

エコステージの本来の目的は認証取得ではない．評価員とともに環境経営度を高めるための施策を考えることである．そのためには，環境効率改善の原則に基づき，環境改善を実施し，コストダウンやリスク管理を強化することが重要である(図2.4).

## 2.4 エコステージ1の評価項目とレベル評価の着眼点

エコステージ1における必須の評価項目は，表2.3の6項目である．

### (1) 組織管理

組織は，策定された環境方針や環境目的・目標を具現化し達成するために，組織体制を整える必要がある．特に，環境経営システムを運用していくうえで重要となる役割や責任・権限を明確にする(例えば，環境管理責任者の任命)とともに，その役割や責任・権限が適切に伝達・周知されていることは必要不可欠である．また，経営者は環境経営システムの運用に必要となる資源(人，物，技術，金)を提供するとともに，それらが適切に活用されていることも重要である．

### (2) 方針管理

組織は，その活動や提供する製品・サービスの性質，現状の経営理念や方針などもふまえて「環境方針」を策定する必要がある．また，環境方針に基づいて，組織の環境経営の中期的な到達点を「環境目的(中長期的)・目標(短期的)」として設定する必要がある．組織は，このような環境方針と環境目的・目標を

### 環境効率改善の原則

① インプットされたものは形を変えながら必ずアウトプットされる
② インプットからアウトプットまでにかかる仕事量が大きく，能率を上げれば，環境効率は高い
③ アウトプットの削減は，インプットの削減につながる
④ アウトプットの質を高めることでコストが低減できる
⑤ 環境効率が上がれば，ランニングコストは低減できる

環境効率改善のためにエコステージ評価員がもたらすべき付加価値

| ◇強み・弱みの分析<br>◇経営課題の提示 | → | ◇5S推進提案<br>◇材料変更提案<br>◇設備改善提案<br>◇業務改善提案<br>◇環境配慮設計 など | → | ◇構築レベル評価<br>◇実行レベル評価<br>◇改善度の評価<br>◆次の課題設定 |

◇これらの活動を通じた，経営メリット（＝利益）の創出

### 環境効率改善のポイント

できるだけ使わない・出さない
　↓
できるだけ能率を上げる
　↓
できるだけ質を高める

廃棄物では
・リデュース
・リユース
・リサイクル
　（マテリアル，サーマル）
・適正処理

プロセスでは
・ムリがない
・ムダがない
・ムラがない

電気，燃料・排ガスでは
・省エネ（$CO_2$排出）
・変換効率・利用効率
・排熱利用
・コジェネ発電
・サーマルリサイクル
・排ガス処理

材料・資材では
・省資源設計
・歩留向上
・分別・再生利用販売

⇒これらに間接的につながるような取り組みも，環境効率改善に役立つ

図2.4　エコステージのメリット③　「環境効率の向上」

表 2.3 エコステージ 1 の評価項目とレベル評価の着眼点

| PDCA | システム項目 | | 評価の着眼点 |
|---|---|---|---|
| Plan | (1) 組織管理 | 構築レベル | 組織体制の適切性 |
| | | 実行レベル | 伝達度，責任・権限の実行度 |
| | (2) 方針管理 | 構築レベル | 経営方針との融合性・適切性 |
| | | 実行レベル | 階層浸透度・達成度 |
| | (3) 法規制管理 | 構築レベル | 特定内容の適切性 |
| | | 実行レベル | 法対応スピード・遵守度 |
| Do | (4) 教育／内部コミュニケーション | 構築レベル | 教育内容の適切性 |
| | | 実行レベル | 自覚・周知度 |
| Check | (5) 監視・測定管理 | 構築レベル | 監視管理の適切性 |
| | | 実行レベル | 監視管理の遵守度 |
| Act | (6) 経営層による見直し | 構築レベル | 見直しの適切性 |
| | | 実行レベル | 見直し結果のレベル |

組織成員に周知させるとともに，目的・目標の達成度を評価していくことが必要となる．

### (3) 法規制管理

組織は，その活動に関連する環境関連法規ならびにその他の要求事項(顧客要求事項など)を特定しリスト化するとともに，法律・条例の改正などにともなって，そのリストが常に最新版として管理される体制を整える必要がある．また，適用する法律がある場合には，その法律への対応が可能なように社内の体制を整える必要もある(役所への届出なども含まれる)．

### (4) 教育／内部コミュニケーション

組織は，環境経営システムの運用においてどのような教育・訓練，技能が成員に必要なのかを特定するとともに，それらを習得可能となるような計画を立て，それらの教育が計画どおり実施されているかどうかを確認する必要がある．

また，成員の理解を深めるとともに環境経営システムへの参加度を高めることを目的として，環境に関する内部コミュニケーションの実行が必要となる．

(5) 監視・測定管理

組織は，環境目的・目標の達成状況やそれらを実現するための具体的な活動計画(環境マネジメントプログラム)の進捗状況を監視する仕組みを構築するとともに，監視記録を適切に管理する必要がある．また，先に特定した環境関連の法規制の遵守状況を定期的に確認する必要もある．

(6) 経営層による見直し

組織は，構築した環境経営システムを最高経営層自らが見直す仕組みを構築するとともに，実際に見直しが実施された内容を環境経営システムに反映させ，関係者に周知する必要がある．なお，見直す仕組みの構築には，見直しに必要となる情報が確実に収集され，最高経営層に適切に提供されることも重要となる．

## 2.5 エコステージ2の評価項目とレベル評価の着眼点

エコステージ1，2における評価項目としては，表2.4に示すような15項目が設定されている．これらはISO14001及びISO14004の環境経営を参考に設定されたものであるが，これら15項目の中で網掛けされた6項目については，エコステージ1の必須項目である．

エコステージ2は，エコステージ1で構築された環境経営の導入レベルに加え，環境経営の基礎レベルの評価項目が設定されている．

段階的なレベルアップがエコステージの特徴でもある．まずはエコステージ1に取り組み，導入レベルを固めてからエコステージ2へとステージアップしていく，あるいは，ある程度の環境経営システムをすでに組織内に構築している場合には，直接エコステージ2の導入を目指すことも可能である．

表2.4 エコステージ1, 2の評価項目と評価の着眼点

| 項番 | エコステージ評価項目 | | 評価の着眼点 |
|---|---|---|---|
| ① | 組織管理 | 構築レベル | 組織体制の適切性 |
| | | 実行レベル | 伝達度，責任・権限の実行度 |
| ② | 環境側面管理 | 構築レベル | 抽出・評価基準の適切性 |
| | | 実行レベル | 運用度・見直し度 |
| ③ | 方針管理 | 構築レベル | 経営方針との融合性・適切性 |
| | | 実行レベル | 階層浸透度・達成度 |
| ④ | 法規制管理 | 構築レベル | 特定内容の適切性 |
| | | 実行レベル | 法対応スピード・遵守度 |
| ⑤ | 教育／内部コミュニケーション | 構築レベル | 教育内容の適切性 |
| | | 実行レベル | 自覚・周知度 |
| ⑥ | マネジメント文書 | 構築レベル | 文書体系の適切性 |
| | | 実行レベル | 文書体系の周知度 |
| ⑦ | 文書・記録管理 | 構築レベル | 文書・記録管理の適切性 |
| | | 実行レベル | 文書・記録管理の徹底度 |
| ⑧ | 外部コミュニケーション | 構築レベル | 苦情対応・公開の適切性 |
| | | 実行レベル | 苦情対応度・情報公開度 |
| ⑨ | 運用管理 | 構築レベル | 運用基準の適切性 |
| | | 実行レベル | 運用基準の遵守度 |
| ⑩ | 監視・測定管理 | 構築レベル | 監視管理の適切性 |
| | | 実行レベル | 監視管理の遵守度 |
| ⑪ | 緊急時管理 | 構築レベル | 緊急時特定の適切性 |
| | | 実行レベル | 訓練などの実施度 |
| ⑫ | 是正処置 | 構築レベル | 是正処置の適切性 |
| | | 実行レベル | 是正処置のレベル |
| ⑬ | 予防処置 | 構築レベル | 予防処置の適切性 |
| | | 実行レベル | 予防処置のレベル |
| ⑭ | 内部監査 | 構築レベル | 監査方法の適切性 |
| | | 実行レベル | 監査内容のレベル |
| ⑮ | 経営層による見直し | 構築レベル | 見直しの適切性 |
| | | 実行レベル | 見直し結果のレベル |

※網掛けはエコステージ1の必須項目

また，エコステージ１であっても，環境レポート（環境報告書）やCSR報告書など，エコステージ３，４，５で要求されている項目についても自主的に取り組むことで，評価点数が上がり，環境経営度を高めることが可能である．

以下，エコステージ２で要求される評価項目と実際の評価ポイント（要求事項）の，エコステージ１と重複しない部分について簡単に説明する．

### ① 組織管理

管理責任者は，エコステージ１での要求事項に加え，環境経営システムの構築・実施・維持と，最高経営層への実績の報告に関する責任と権限が付与され，実際にその役割を担っていることが必要となる．

### ② 環境側面管理

組織は，自らの事業において環境に影響を与える活動（すなわち，ISO14001用語では「環境側面」）を抽出するとともに，それら環境側面の中から特に環境に与える影響という観点から重要なもの（すなわち，「著しい環境側面」）を特定する手順を構築する必要がある．このような手順には，著しい環境側面を特定する際の評価の基準（何をもって環境影響が大きいと判断するのか）とともに，環境側面における緊急事態などについての配慮も必要となる．

また，特定された著しい環境側面の組織成員への周知や，組織形態の変更（事業内容の追加など）にともなう環境側面の見直しも重要となる．

### ⑤ 教育／内部コミュニケーション

組織は，エコステージ１での要求事項に加え，環境経営システム及び環境問題の重要性，各自の作業と環境影響とのかかわり，環境経営における各自の役割，ルールから逸脱した場合の予想される結果の重大性などについて組織成員に自覚させる教育を実施することが必要である．

#### ⑥ マネジメント文書

組織は，環境経営システムの効果的な運用を図るためのマネジメント文書体系を構築する必要がある．もっとも重要となるのは，システムの全体像が明確になるような文書体系をまずは構築することである．

#### ⑦ 文書・記録管理

組織は，文書の作成権限，定期的なレビューの方法，最新版管理のための手段，適切な活用を可能とするための保管方法など，文書管理の手順を策定する必要がある．

また，環境経営システムに関連する記録については，管理すべき記録を特定するのに加え（エコステージ1のオプション），環境経営システムに関連する活動ならびにシステムそのものの見直しに活用が可能なように，適切な手順に基づいて維持・管理される必要がある．

#### ⑧ 外部コミュニケーション

組織は，環境に関連する情報を外部のステークホルダー（利害関係者）から受けつけ，対応する手順を確立する必要がある．また，情報の受信のみならず，組織の環境活動やそれにともなうパフォーマンス（環境保全活動などの成果）を外部に発信していくことも重要である．

なお，情報発信については，どの程度の情報をどのように発信するのかというプロセスと情報公開基準についての検討も実施することが重要となる．

#### ⑨ 運用管理

組織は，環境方針や目的・目標に掲げた環境側面（いわゆる「著しい環境側面」）に関連する活動について手順を定め，実行することが必要である．そのような手順書には，目的・目標を達成するための具体的な手段が予定どおり運用されているかという運用基準を明記することが必要である．

また，著しい環境側面に関係する製品やサービスについての手順を確立し，

供給者や請負業者に対して,その手順や要求事項を伝達することも必要である.

⑩　監視・測定管理

組織は,エコステージ1での要求事項に加え,組織としての管理が特に重要と思われる環境関連項目(目的・目標の達成状況,法規制の遵守状況,実際の活動状況や活動にともなうパフォーマンスなど)を,定常的に監視・測定する手順を確立する必要がある.

また,監視・測定に用いられる機器がある場合には,その必要性に応じた校正の基準を明確化するとともに,校正記録の管理も必要となる.

⑪　緊急時管理

組織は,発生した場合に環境影響が大きいであろう事故や緊急事態を特定するための手順を確立し,実際に特定する必要がある.また,実際に事故や緊急事態が発生した場合に,そこから生じるであろう環境影響を緩和する手順とともに,たとえ発生した場合でも生じる環境影響を最小限に食い止めるための予防手順についても考慮しておく必要がある.

また,実施が可能なものについては,このような手順の実効性についてのテストを実施しておくこと,さらに実際に事故や緊急事態が発生した場合には,緩和や予防の手順が適切であったのかを再度見直すことも重要である.

⑫　是正処置

組織は,まず不適合の定義を明確にする必要がある(エコステージ1のオプション).そのうえで,不適合が発見された場合に,不適合の問題の大きさに準じて,その原因を取り除くための適切な是正処置が実施できるような責任・権限の明確化,ならびに手順の確立が必要となる.

是正処置をとったうえで,予防処置が必要かどうかの判断を行い,さらに発見された不適合とそれに対する是正処置,その効果について最高経営層に報告することも重要である.

⑬ 予防処置

組織は，不適合の発見とそれに続く是正処置にともなって，予防処置が必要と判断された場合に，再発防止あるいは再発時の環境負荷軽減を目的とした予防処置を実施する必要がある．

さらに，是正処置及び予防処置が実施された場合には，そのための手順が有効に機能していたかどうかを検証し，必要であれば手順を修正する必要がある．

⑭ 内部監査

組織は，内部環境監査の手順ならびに計画を作成したうえで実施する必要がある．内部環境監査は，環境経営システムの要求事項への適合性，実行度，計画に基づく活動や目的・目標の達成状況などを確認するために実施される．さらに，最高経営層が環境経営システムを見直す際の重要な情報源となるため，内部環境監査の結果は最高経営層に提供されることが重要である．

内部監査員は，エコステージ評価機関が実施する内部監査員養成研修を経て，一緒にエコステージ評価に参画することも可能であることが特徴である．内部監査は経営改善の要であり，エコステージでは最重要事項の1つとなっている．

# 第3章

## エコステージ1, 2のシステムのつくり方
―導入の手ほどき―

エコステージ1，2では，環境保全を進める組織が整備し，活用するための環境経営の基本システムを提示している．この環境経営システムは15の要素から構成されており，これらの要素のつながりを意識して自社なりの仕組みをつくりあげることが大切である．

第3章では，環境経営システムに必要な15の評価項目を利用して，自社の環境経営システムをつくりあげる際のポイントについて解説する．

## 3.1 エコステージ導入のポイント

エコステージ1，2のそれぞれの評価項目をシステムの中に取り込む際のポイントは，次の2点である．

① 組織の身の丈に合ったシステムとすること
——実効性を考慮すると，重厚なシステムが最高であるとはいえない．
② 経営改善を意識したシステムとすること
——目的は，形式的になることではなく，環境と組織に成果をもたらすこと．
③ サイト単位でなく，極力経営活動全般を対象とすること．

エコステージ評価の際には，仕組みとして構築されているかどうか(構築レベル)と，仕組みとして取り決めたことを実行しているのか(実行レベル)の2つの視点が必要になることは，第2章で解説したとおりである．エコステージ1，2のそれぞれの評価項目をみる場合にも，仕組みの構築や取り決めが必要かどうか(システム構築)，その仕組みや取り決めの実行をどうするのか(取り決めの実行)の両面から吟味する必要がある．

また，本来の目的を見失ってはいけない．環境経営の本来の目的は，「組織の環境保全と経営改善を実現すること」にあるはずで，システムはあくまで脇役であるべきである．

## 3.2　エコステージ1のシステムづくり

エコステージ1では，環境経営システムの導入レベルの評価項目とフローを示している(図3.1)．これらの評価項目は，組織の中での大きなPDCAサイクルを形成しており，このPDCAサイクルを回していくことで，環境保全への取り組みとその成果の向上を意図している．

この仕組みを構築し，実行するための方法をステップと手順に分けて解説する．なお，ステップと手順の流れを，図3.2に示す．

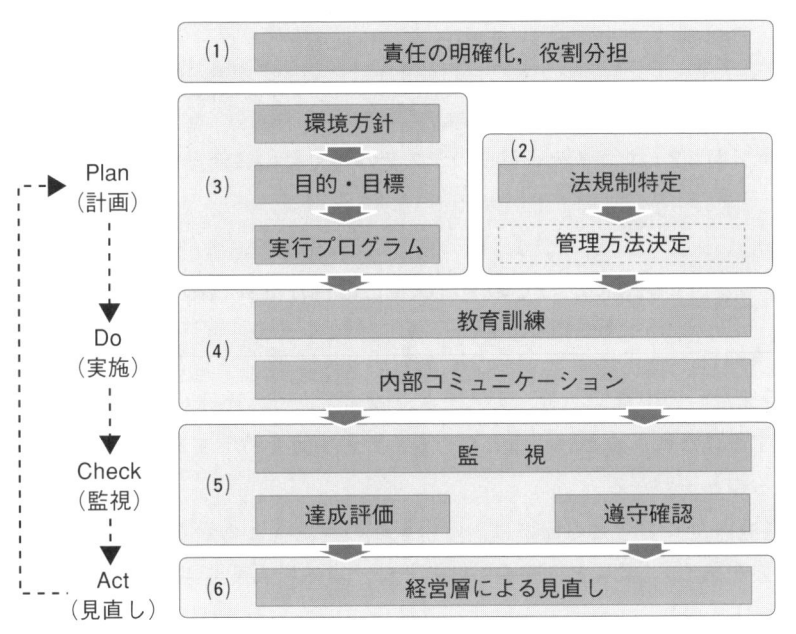

図3.1　エコステージ1の評価項目

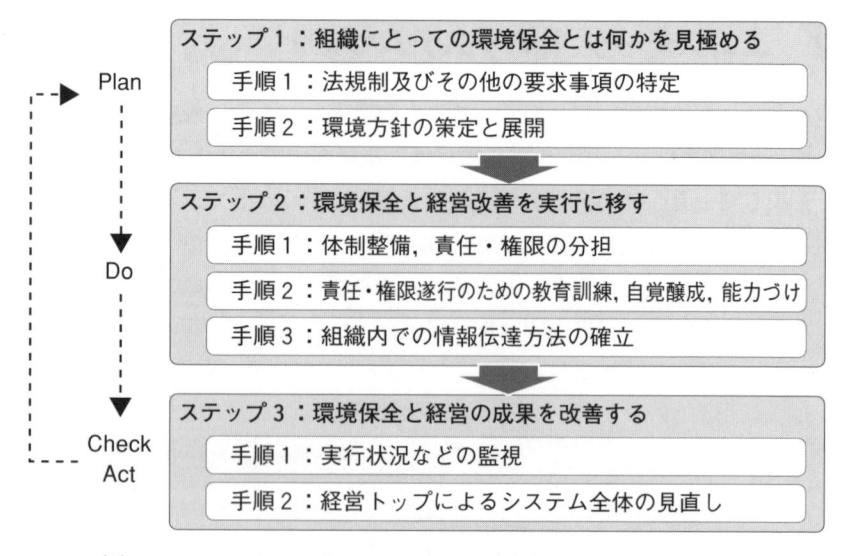

```
Plan       ステップ1：組織にとっての環境保全とは何かを見極める
              手順1：法規制及びその他の要求事項の特定
              手順2：環境方針の策定と展開

Do         ステップ2：環境保全と経営改善を実行に移す
              手順1：体制整備，責任・権限の分担
              手順2：責任・権限遂行のための教育訓練，自覚醸成，能力づけ
              手順3：組織内での情報伝達方法の確立

Check      ステップ3：環境保全と経営の成果を改善する
Act           手順1：実行状況などの監視
              手順2：経営トップによるシステム全体の見直し
```

図3.2 エコステージ1のシステムづくりのステップと手順

## ステップ1　組織にとっての環境保全とは何かを見極める(計画：Plan)

　環境経営システムをつくりあげる際にまず考慮しなければならないのは，「環境保全」の中身である．システムは脇役であり，本来の目的は環境保全を推進することにあるということからも，この中身を吟味することが最優先事項であることがわかる．

　「環境保全」を考える際には，その組織の「環境とのかかわり」を眺めてみる必要がある．「環境とのかかわり」とは，組織に入ってきて利用するもの(インプット)によって資源枯渇や生態系破壊などをもたらす，または組織から出ていくもの(アウトプット)によって水質汚濁や大気組成の変化，周辺への騒音公害などの環境汚染を引き起こすという2通りと理解すると考えやすい．それらを管理し，影響を最小限にとどめることで，社会と共生することが「環境保全」である．

■手順1：法規制及びその他の要求事項の特定

　環境に関連する法規制及びその他の要求事項は，組織が社会と共生するうえで最低限守らなければならないとされる「環境とのかかわり」についてのルール（インプットやアウトプットの管理基準や管理方法）を規定しているものである．そのため，法規制や地方公共団体の条例，業界基準，協定事項，自社規範などの要求事項を特定し，それらの遵守のために必要な管理を実行することがエコステージ1でも求められている．

　法規制及びその他の要求事項を特定するための一般的な方法として，まず法規制などの対象となるような環境からのインプット，環境へのアウトプットがあるかを吟味するところから始まる．そのうえで，自組織に適用されるかどうかについて法規制などに記載された内容を調査してみる（役所などに問い合わせてもよい）ことが必要になる．

　適用されることがわかったら，遵守しなければならない義務事項を特定しなければならない．それぞれの法規制などは環境影響の特徴によって適用判断の項目や義務事項が異なっているが，一般的な観点を図3.3のフローにまとめたので参考にしていただきたい．また，特定した義務事項は「法令・その他要求事項一覧表」といった形でまとめておくとよい．

　ここで特定した義務事項を遵守するために，誰（どの部署）がその責任を持ち，またどのような方法でそれを確実に実行するのかを定めることができれば，法規制及びその他の要求事項の管理のためのシステムが構築できたと考えてよい．

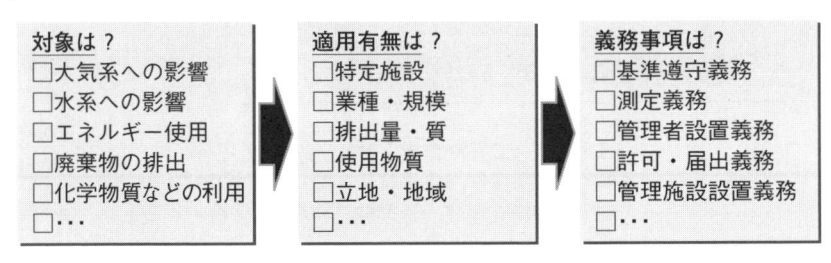

| 対象は？ | 適用有無は？ | 義務事項は？ |
|---|---|---|
| □大気系への影響<br>□水系への影響<br>□エネルギー使用<br>□廃棄物の排出<br>□化学物質などの利用<br>□… | □特定施設<br>□業種・規模<br>□排出量・質<br>□使用物質<br>□立地・地域<br>□… | □基準遵守義務<br>□測定義務<br>□管理者設置義務<br>□許可・届出義務<br>□管理施設設置義務<br>□… |

図3.3　法規制及びその他の要求事項の特定フロー

■手順2：環境方針の策定と展開

　環境に関する法規制などを遵守することも含めて，組織として環境保全を推進すること，及びその取り組み項目を社内外に表明するために作成するのが「環境方針」である．組織としての約束と取り扱われるため，この「環境方針」は経営トップが強く関与することなどを，エコステージ1でも細かく要求している．

　「環境方針」を作成するにあたっては，その組織の特徴（事業内容，規模，組織の与える環境への影響など）を見つめ直すことが望ましい．つまり，自組織の「環境とのかかわり」であるインプットとアウトプットを十分に眺め，"組織にとって取り組む意義のある"項目や遵守しなければならない法規制を把握し，その取り組みへ着手することを「環境方針」の中で宣言すべきである．組織によっては廃棄物管理が重要かもしれないし，エネルギー削減が意味のある課題かもしれない．

　さらに，取り組みレベルを含めたシステムを「継続的に改善」することや，「汚染の予防」を約束することも求められる．ここで使う「汚染の予防」という言葉は，何も大気汚染の予防や水質汚濁の予防といったことだけではなく，「熱帯雨林の破壊をしない（回避）ために100％リサイクルペーパーを利用する（製品の採用）」，「使用エネルギーを節約する（低減）ために製造工程を短縮する（工程の採用）」といった身近なことも含まれることに留意すると，約束しやす

「汚染の予防とは？」

汚染を　回避（ゼロにする），
　　　　低減（今より減らす），
　　　　管理（必要以上に増やさない）するために，

　　　　　工程（製造工程や作業方法），
　　　　　操作（設備操作，条件コントロール），
　　　　　材料や製品（資材，副資材，備品）を採用すること

図3.4　「汚染の予防」についての考え方

くなるであろう(図3.4).

　次に,「環境方針」を絵に描いた餅としないために,その実現のために必要な改善項目,改善レベル,具体的な実行内容を「環境目的・目標」,「環境マネジメントプログラム」として取り決めることが必要になる.

　「環境目的・目標」は,改善項目,改善レベルを示すものであり,例えば「加熱工程で使用するエネルギーを,2005年度までに2003年度比で10％削減する」とか,「廃棄物の増加につながる不良品ロスを,2006年度までに売上比で1.5％以内とする」といったように,何を,いつまでに,どのくらいまで改善するかを明確化することが求められる.これは,「環境方針」で示された方向性に対して,組織内でどのような改善努力をしなければならないかのゴールを定めることにもなる.さらに,このゴール地点にまで行き着いているのかどうかを組織内で判定する際の基準ともなる.

　なお,改善項目,改善レベルを設定する際に,データが確実かつ容易に収集できる項目とすること,組織内で動機づけしやすいこと(売上目標やコストダウン目標と関連させるなど)を考慮するとよい.

　「環境マネジメントプログラム」は,環境目的・目標を達成するための具体的な実行計画である.そのため,実行計画として必要な,実行内容,責任者(部署),スケジュールを決めることがエコステージ1で要求されている.この実行計画を立案するという作業は,環境保全のための作戦立案として筋道を立てながら考えるとよい.つまり,どのような方法があるのかアイデアを出し,その中から現有資源(人,金,設備など)で実行でき,かつ環境目的・目標に到達できるオプションを選択することになる.

　例えば,「加熱工程設備をエネルギー転換効率のよいものに切り替える(予想改善8％)」とか,「生産計画を精緻化することで稼働率をあげ,ムダに使用するエネルギーを減らす(予想改善5％)」,「段取り替え作業を短縮し,待ち時間を減らす(予想改善3％)」といったアイデアを持ち寄り,実行できるか否かを検討し,実行する項目を最終的に決定する作業となる.

　なお,「環境目的・目標」や「環境マネジメントプログラム」は,組織が大

きく，部署が多様である場合には，各階層，各部署で設定することが望ましい．また逆に，組織が非常に小さい場合には，組織で1つということでも構わない．

この「環境マネジメントプログラム」の決定によって，「環境方針」を実現するためのシステムが構築できたということになる．

## ステップ2 環境保全と経営改善を実行に移す(実行：Do)

法規制及びその他の要求事項管理システム，方針展開システムが構築されてきたが，これらを実行に移し，法規制が遵守されている状態や，環境方針が実現されていく状態をつくりあげていくことが次の課題となる．

また，その前提としての体制整備や責任・権限の分担もしていかなければならないであろう．

### ■手順1：体制整備，責任・権限の分担

体制整備や責任・権限分担を進めるうえでは，組織全体としての環境保全の体制整備・責任分担のシステム構築と，実行項目(法規制管理，プログラム実行)ごとの体制整備・責任分担のシステム構築とが必要になる．ただし，後者の実行項目(法規制管理，プログラム実行)ごとの体制・責任のシステム構築については，ステップ1の中で責任者(部署)をそれぞれ定めたことから，ここでは前者についての解説をしていく．

組織全体としての環境保全の体制整備・責任分担は，大別すると，環境経営システムと環境保全推進に最終的な責任を負う組織の長である「経営トップ」，組織の環境経営システムの指揮官ともいえる「環境管理責任者」，指揮官のもとで実行部隊として活動する各部署の「部門長」と「各担当者」という4者から成り立つと考えられる(当然のことながら，組織規模によっては，部門長が何層にもなることもあるし，非常に小さい組織では部門長にあたる職位がない場合もある)．

その4者の中でも重要な位置づけを占めるのは，環境経営システムの指揮官

3.2 エコステージ1のシステムづくり 37

の役割を果たす「環境管理責任者」である．環境管理責任者は指揮官として経営トップから任命されることが必要であろうし，その役割を整理すると環境経営システム全体の体制整備や，責任分担の姿がおぼろげながら見えてくる．エコステージ評価基準の中では，環境管理責任者の役割は詳細には規定されていないが，指揮官として把握・管理すべき事項を考えてみると，環境管理責任者の役割は整理できる．

環境管理責任者の役割の一例を，図3.5に示す(なお，図中の※は，エコステージ2評価基準で要求される項目への責任分担を示す)．

このような体制整備・責任分担ができれば，体制・責任システムが構築されたといえるであろう．

■手順2：責任・権限遂行のための教育訓練，自覚醸成，能力づけ

手順1で整理した責任・権限(組織全体として／実行項目ごと)を各人が自覚

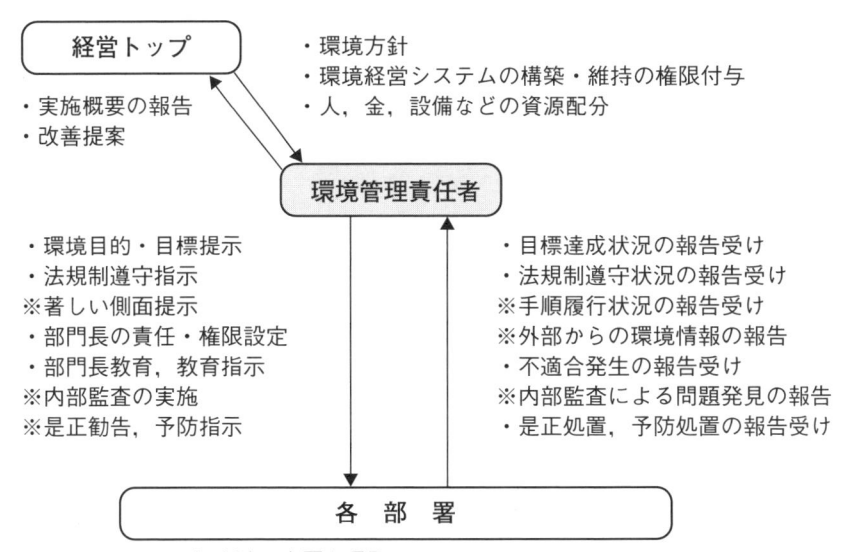

```
        ┌─────────────┐
        │  経営トップ  │
        └─────────────┘
・実施概要の報告    ・環境方針
・改善提案         ・環境経営システムの構築・維持の権限付与
                  ・人，金，設備などの資源配分
        ┌─────────────────┐
        │  環境管理責任者  │
        └─────────────────┘
・環境目的・目標提示      ・目標達成状況の報告受け
・法規制遵守指示         ・法規制遵守状況の報告受け
※著しい側面提示         ※手順履行状況の報告受け
・部門長の責任・権限設定  ※外部からの環境情報の報告
・部門長教育，教育指示    ・不適合発生の報告受け
※内部監査の実施         ※内部監査による問題発見の報告
※是正勧告，予防指示      ・是正処置，予防処置の報告受け
        ┌─────────────┐
        │   各 部 署   │
        └─────────────┘
```

※：エコステージ2以上で必要な項目

図3.5 環境管理責任者の役割(例)

し，実行できてこそ，法規制及びその他の要求事項管理システムや環境方針展開システムが動き始め，体制・責任システムが機能したといえるであろう．そのためにも，教育などを通じた全社員への自覚醸成，実行項目に関連した訓練や能力づけが必要になる．

抜け漏れなく自覚醸成や訓練・能力づけを行うために，まず「誰に，何を説明し，訓練することが必要なのか」を整理してみることから始める．組織全体としての責任・権限や，法規制管理などの実行項目ごとの責任・権限がうまく整理されていれば，それは一目瞭然ということになる．

次に，「いつ，誰が責任を持って，どのように説明し，訓練するのか」を整理してみる．全体にかかることは環境管理責任者が責任を持って周知を図らなければならないであろうし，各実行項目については部門長が責任を持って何をすべきかを理解させ，足りないのであれば実行できる能力を担当者に身につけさせなければならないであろう．これらを「環境マネジメントプログラム」，「教育訓練年間計画表」などにまとめれば，訓練・自覚・能力のシステム構築ができたといえるであろう．

説明や教育の実施については，誰かが講師に立って講義形式で進めてもよいし，現場でやらせてみることで指導する形式でもよい．外部機関の研修に出してもよいし，必要であれば筆記テストや実技試験をしてもよい．結果として十分な理解と遂行能力が身についていればよいのであって，その方法は各組織に適した方法を選択してよい．ただし，これらの結果は記録しておくことが必要である．

■手順3：組織内での情報伝達方法の確立

環境経営システムを円滑に進めるために，エコステージ1ではもう1つ，内部コミュニケーションの確立を要求している．環境経営システムを実行するにあたっては，上記の教育や説明以外にも，実行状況の報告方法や，部門にまたがる課題についての検討会議の設置などが必要になる場合が多い．この情報伝達の方法を確立していなかったことで，情報が滞り，せっかくつくりあげたシ

ステムが機能しないようなことになれば，環境活動推進の足かせともなってしまう．

そのために，情報伝達の方法として，定期的な会議やミーティングの場を持ったり，様式を定めて報告の時期や方法を決めたりすることが必要になる．最近ではネットワークや電子メールをコミュニケーションツールとして活用している例もある．これらを組織の中で取り決め，それを利用することができるようになることが，組織内コミュニケーションシステムの構築である（なお，エコステージ2では外部コミュニケーションも要求されている）．

### ステップ3　環境保全と経営の成果を改善する
（監視：Check／見直し：Act）

ステップ1，ステップ2によって，組織の環境保全と経営改善への取り組みは徐々に軌道に乗り始めてきた．これらの取り組み努力による成果を継続させ，また改善させるために，実行状況や成果状況の監視，それらの結果を取りまとめての経営トップによるシステム全体の見直しを行う．

#### ■手順1：実行状況などの監視

ステップ1で構築した法規制及びその他の要求事項管理システム，環境方針展開システムが十分に機能し，予め取り決めた結果や成果を出しているかどうか（適合しているかどうか）を監視することがエコステージ1で要求されている．この監視システムを構築するにあたって，一般的な監視方法を整理しておく．

監視は，「実行状況の監視」（管理指標）と「成果の監視」（成果指標）に大別される．本来の目的は，十分な成果が発揮できているかどうかであるので成果監視だけでもよいと思われるが，その成果を導くために実施される各種管理状況（エコステージ1では法規制管理，環境マネジメントプログラム進捗管理など）の監視を先行的に行うことで，より確実に成果を実現することができる（図3.6）．

法規制及びその他の要求事項の管理方法，環境マネジメントプログラムに定めた実行計画ごとに，どのようなポイントを押さえることが必要か（成果監視

|  | 実行状況の監視 | 成果の監視 |
|---|---|---|
| 法規制など | **法規制管理の実施状況**<br>・処理前のpH測定<br>・化学品成分の購入前確認<br>・環境設備の定期点検，など | **法規制の遵守結果**<br>・基準値の遵守<br>・保管基準の遵守<br>・測定義務の遵守，など |
| 方針展開 | **プログラムの進捗状況**<br>・工程別歩留率(廃棄削減)<br>・新設備導入状況(省エネ)<br>・包装材切り替え実績，など | **目標の達成状況**<br>・不良品廃棄率<br>・前年比エネルギー使用量<br>・グリーン購入実績，など |

**図3.6 実行状況の監視と成果の監視**

だけでよいのか，実行状況も監視すべきなのか，など)，どのような指標で監視するのか(数値の測定か，実施チェックか，など)，合否の判定基準は何か，頻度はどうするか，担当は誰か，といったことを取り決めることができれば，監視システムは整ったといえる．

監視を実施する際には，監視結果は記録として残さなければならない．そのための様式を予め設定しておくと，監視漏れを未然に防ぐことができるであろう．また，思わしくない監視結果(不適合)が発見された場合には，当然ながらそれらのエラーを放置せず，目の前の不適合を修正するとともに，再発を防止するために管理方法や実行計画を修正することが改善のためには有効であろう．

## ■手順2：経営トップによるシステム全体の見直し

組織の最高責任者が経営トップであることは，ステップ2の手順1で述べた．そのために経営トップは，自ら「環境方針」に組織の環境活動の約束を表明し(ステップ1の手順2)，また指揮官である環境管理責任者を任命してきた(ステップ2の手順1)．

そして，環境保全の成果を確かめるのも経営トップの責任であり，その成果を発揮するために必要なシステム改善を指示することも経営トップの責任であるといえる．これをエコステージ1では，「経営層による見直し」として要求

している．

　「経営層による見直し」は，環境管理責任者から報告を受けることから始まる．環境経営システムの健全性を確かめるためにも，環境目的・目標の達成状況，法規制などの遵守状況，不適合の発生状況，是正処置による改善状況などの情報を環境管理責任者に報告させなければならない．また，より深く環境経営システムに関する情報を集めるためには，環境活動にかかったコストとその成果として表れたコストダウンの状況，廃棄物発生や使用エネルギーの時系列データ，法規制改正などの外部情報を集めさせることも有効である．

　環境管理責任者は，経営トップの求める情報を整理し，報告しなければならない．そのために各部署からの情報の吸い上げや，分析，さらには環境管理責任者の立場で考えられる改善提案の作成などをすべきである．

　経営トップは，これらの情報から，社会と共生するための「環境保全の推進」という本来の目的に照らして，環境保全の方向性の見直し，推進体制の再整備，管理方法の修正指示などを行わなければならない．つまり，必要に応じて「環境方針」を見直して変更し，環境経営システムの実行のために必要な責任・権限の見直しや，各種システムの見直しを指示として環境管理責任者に与えなければならない．また，この指示は記録することが必要である．

　なお，この修正指示を与えるにあたっては，経営トップしかできない資源の再配分を考慮する必要がある．資源とは，人，物，金，技術などを指しており，責任・権限の見直しや組織替え・異動をすることも人の配置と関連するし，コストをかけて新設備の導入を決断することも必要かもしれない．また逆に，経営全体を見渡したときに，現段階では人や金を環境保全のために投入すべきではないと判断することも当然あってしかるべきである．ただし，この場合は自らが定めた「環境方針」を覆すものではないという確信を持つことができるかどうかが問われる．

　この「経営層による見直し」及び，その改善指示を環境管理責任者が環境経営システムに反映させることによって，環境経営システム全体が一巡し，リニューアルされた環境経営システムが動き出したことになる．

この段階で，エコステージ1で要求される環境経営システムの構築と実行（換言するとPDCAの一巡）が成立し，エコステージ1の評価を受ける準備が完全に整ったといえるのである．

## 3.3　エコステージ2のシステムづくり

エコステージ2の要求事項は，エコステージ1の要求事項を含み，環境経営の基礎レベルに必要な要件を要求している（**図3.7**の図中の点線囲み部分がエコステージ2で追加される要求事項である）．

環境影響の元となるインプット・アウトプットをともなう活動・製品・サー

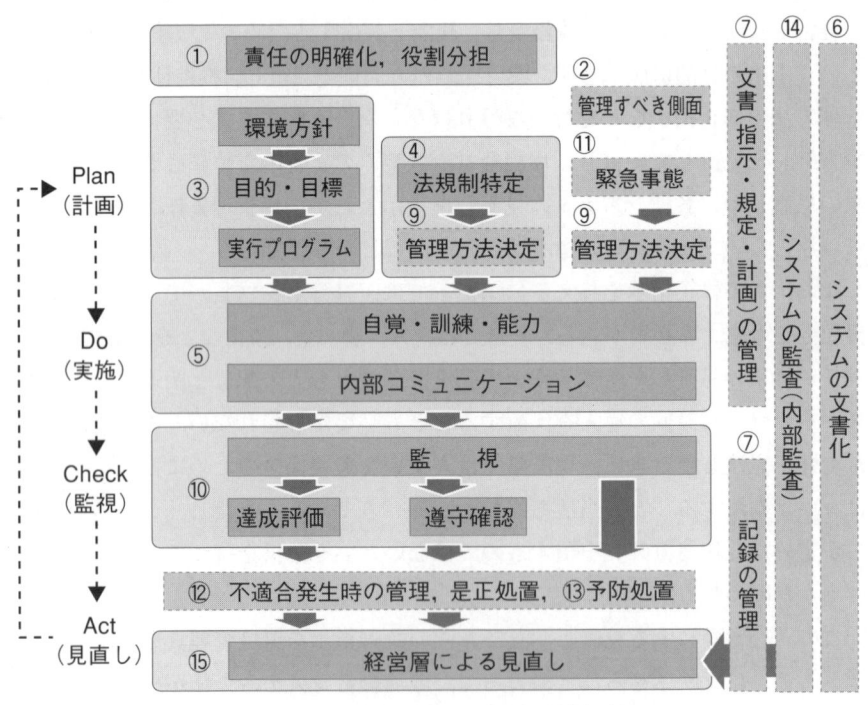

図3.7　エコステージ2の評価項目

ビス(環境側面)の中で取り組む意義のある重要なものを管理すること，また文書化や文書管理要素を強化すること，不適合発生時の再発防止やそれ以前の未然防止のシステム整備(是正処置・予防処置)，組織内部でシステム機能状況の相互監査をすること(内部監査)が必要になる．

　エコステージ2へのステージアップは，いつ行われてもよい．本節では，エコステージ2へのステージアップの方法について解説する．

　なお，図3.8に，エコステージ2のシステムづくりのためのステップの概要を示す．

### ステップ1　環境側面の管理システムを強化する

　エコステージ1の要求事項を解説する中で，その組織の「環境とのかかわり」を眺めてみる必要性を述べたが，エコステージ2では，その「環境とのかかわり」(環境側面)の管理システムの強化を要求している．

　エコステージ1のステップ1では，環境側面(環境とのかかわり)を，「組織に入ってきて利用するもの(インプット)によって資源枯渇や生態系破壊などをもたらす，または組織から出ていくもの(アウトプット)によって水質汚濁や大気組成の変化，周辺への騒音公害などの環境汚染を引き起こすという2通り」と解説した．さらに，「それらを管理し，影響を最小限にとどめることで，社会と共生することが環境保全である」とも解説した．この環境保全をより高いレベルで実現するためには，組織自身が「取り組む意義のある重要な環境側面(著しい環境側面)」を自ら発見し，積極的に管理を推し進めることが求められる．

　そのために，「環境とのかかわり」が組織活動のどこに存在しているかという，環境側面の全体像を把握することから始めるのが一般的である．整理は，工程や作業，部署などの単位で組織活動を区分整理したうえで進めるとよい．また，インプットやアウトプットだけではなく，環境に影響をもたらす可能性のある緊急事態の洗い出し，環境にとって有益な影響をもたらす活動なども洗

**ステップ1：環境側面の管理システムを強化する**
「環境側面」の抽出と「著しい環境側面」の特定，さらにそれらの管理方法の確立

**ステップ2：取り決め事項の徹底のために文書化し，文書・記録を管理する**
環境経営システムに関する約束事を文書化し，実際の管理活動・運用の成果を記録に残し管理する制度の確立

**ステップ3：不適合の再発防止・未然防止のためのシステムを強化する**
発生した不適合についてその原因を根本から解決するとともに，同様な不適合が再発しないための仕組みの確立

**ステップ4：内部環境監査を実施する**
構築された環境経営システムが健全に運用されているかを確認するとともに経営層への情報提供の仕組みの確立

図3.8　エコステージ2のシステムづくりのステップ

い出しておくべきである．一例を，図3.9に示す．

　さらには，組織活動だけではなく，組織でコントロールすることができる製品やサービス自身の環境側面(製品使用時の電力や，顧客での梱包の廃棄)，同じく組織でコントロールできる取引先での環境側面なども洗い出しておく．詳細に環境とのかかわりを洗い出す作業は，後に環境側面の具体的管理を設定する際に，または環境目的・目標や環境マネジメントプログラムで取り組むべき項目を設定する際にも役立つ．

　そのうえで，数ある環境側面の中でも「取り組む意義のある重要な環境側面」を絞り込む．この絞り込みの方法には，基準を定めて評価する，経営幹部で議論して決めるといった方法がある．その際には，評価テクニックに走りすぎることなく，「社会と共生するために，当社の責任で管理しなければならないと

## 図3.9 環境側面抽出方法の一例

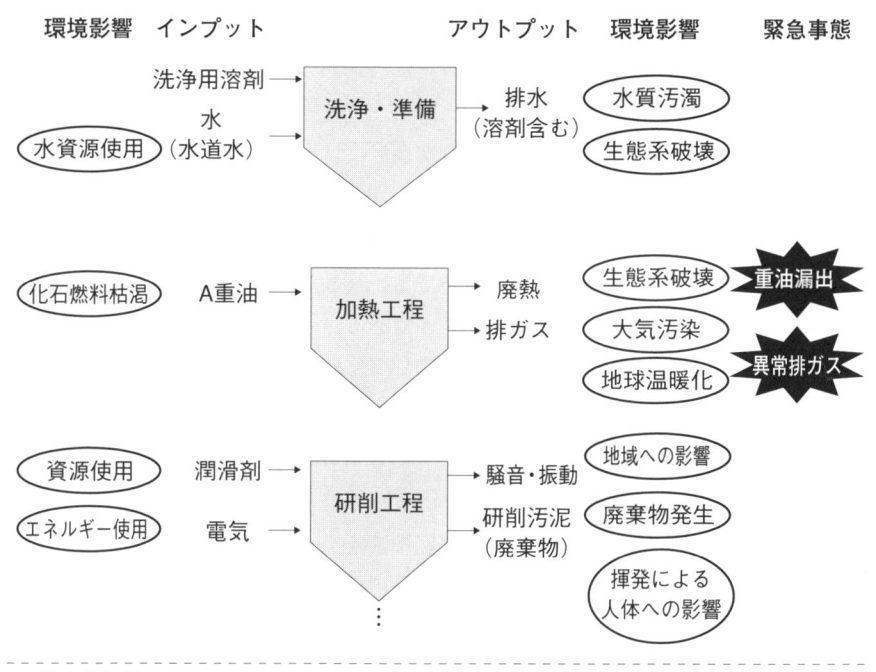

| 環境影響 | インプット | 工程 | アウトプット | 環境影響 | 緊急事態 |
|---|---|---|---|---|---|
| 水資源使用 | 洗浄用溶剤、水（水道水） | 洗浄・準備 | 排水（溶剤含む） | 水質汚濁、生態系破壊 | |
| 化石燃料枯渇 | A重油 | 加熱工程 | 廃熱、排ガス | 生態系破壊、大気汚染、地球温暖化 | 重油漏出、異常排ガス |
| 資源使用、エネルギー使用 | 潤滑剤、電気 | 研削工程 | 騒音・振動、研削汚泥（廃棄物） | 地域への影響、廃棄物発生、揮発による人体への影響 | |

有益な側面として……
- 排熱利用によるエネルギーの有効利用
- 研削汚泥の濾過の強化による金属屑回収率の向上（廃棄物削減）

考えられる環境側面」を絞り込めるように工夫することが必要である．

このような環境側面の管理のための手順が確立し，実際に「取り組む意義のある重要な環境側面（著しい環境側面）」が特定され，管理（管理手順を定めての維持管理または環境目的・目標に展開しての改善活動など）を始められれば，環境側面管理のシステムが構築され，実行されていると判断できる．

## ステップ2 取り決め事項の徹底のために文書化し，文書・記録を管理する

「約束事はするのだが，定着しない」という経験を持つ組織は多い．約束事をした直後はそれを守ろうとする意識が高いが，時間とともに約束事が風化してしまうと，誰もそれを守らなくなる．しかし，環境経営システムは継続的に運営してこそ環境や組織に対する成果を生み出すため，風化する約束事であってはならない．また，その結果についても，環境経営システムの存在と成果を立証するために，記録として管理すべきである．

そのために，約束事（取り決め，手順，基準，計画など）を文書化し，時間的経過による風化を防止する必要が出てくる．また，この約束事は，組織方針や社会情勢とともに変化する．その際にも，文書化した約束事の改訂や配付を適宜実施することで，組織内への周知を円滑に進めるという効果を期待できる．

一般的には，環境経営システム全体に関する約束事を「環境マニュアル」としてまとめる例が多い．また，詳細な手順や基準を，「○○規定」，「○○手順書」などといった形にまとめることもある．さらに，指示や記録を確実に実施するために「○○指示書」，「○○記録」といった様式に設計することもできる．

ただし，留意すべきは，「組織の身の丈に合った」文書化の程度とすることである．文書を作成しすぎたために「誰も見ることのない文書化された約束事」は，約束事の風化の一歩手前であることを認識すべきである．

## ステップ3 不適合の再発防止・未然防止のためのシステムを強化する

監視の中で発見された不適合（エコステージ1のステップ3の手順1）の再発防止のためには，不適合が発生した原因を深掘して考え，対症療法ではなく根本治療を心掛けるべきである（是正処置システム）．その原因は，管理手順にあるのかもしれないし，管理のための様式設計が不十分であったのかもしれない．

また，情報伝達がうまくいかなかったのかもしれないし，設備的な問題かもしれない．

```
        問題発生
           ↓
計画    ┌─────────────┐    対応
立案    │ 原因を究明する │    関係
時に    └─────────────┘    を考慮
チェ         ↓
ック    ┌─────────────────┐
   →   │ 原因に対する対策を立案する │   ←
        └─────────────────┘
              ↓
        ┌─────────────┐
        │ 対策を実施する │
        └─────────────┘
              ↓
        ┌─────────────┐
        │ 結果を評価する │
        └─────────────┘
```

図3.10　是正処置のフロー

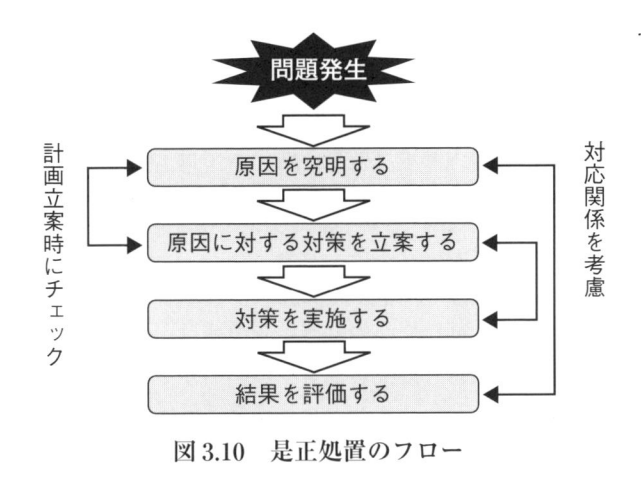

　さらに未然防止のための予防処置は，問題が発生する前に予兆を把握することが必要になる．それはデータの分析かもしれないし，不適合までには至らなかったがヒヤリとした，ハットした事柄かもしれない（その後の処置は是正処置と同様である）．

　なお，手間やコスト（改善コスト）を少々かけて徹底的な再発防止を図ることが，後に失敗のためにかかったであろうコスト（失敗コスト）を低減することにもつながることに留意すべきである．是正処置のフローを図3.10に示す．

　このような問題（不適合）発生時または問題発生が予測される際に，原因を究明し，その対策を立案・実行し，再発防止または未然防止が実現できているかどうかを評価するという手順や，その管理に使用する様式が整備できれば，是正処置・予防処置システムは完成したといえる．

## ステップ4　内部環境監査を実施する

　内部環境監査は，経営トップまたは環境管理責任者が，自組織の環境経営システムの健全性を確かめるために，監査技量を身につけた内部監査員にチェッ

クを依頼し,その結果を次なるシステム改善の糧とするためのシステム検証活動である.

内部環境監査の結果や成果については,内部監査員の力量がそれを大きく左右する.そのため,この内部環境監査システムでは,優秀な内部監査員を養成することがもっとも大切であるといえよう.内部監査員に求められる力量には,大きく2つの要素がある.

1つ目は,エコステージ要求事項や自組織の環境経営システムを十分に理解していることである.内部監査員の行う監査業務は,環境経営システムとして取り決められた約束事に対して,各部署や各担当がそのとおり実施しているのかを見極めることであり,当然ながらエコステージ要求事項や自社の約束事を十分に理解していなければ,監査はできない.

2つ目は,監査技法を確立していることである.約束事と実行状況の比較検証をするためには,文書の確認,記録の精査,現場での確認やインタビュー,それらの情報を頭の中で組み立てての検証など,さまざまな技術を身につけている必要がある.通常は,外部の研修機関で内部監査員としての力量やエコステージ要求事項の理解を深めることが必要である.

また,内部環境監査で得られたシステム上の課題を改善に結びつける筋道を整備しておくことも必要である.当然ながら,監査で得られた問題点は各部署で修正することが必要であるが,それ以上に「経営層による見直し」(エコステージ1のステップ3の手順2)に貴重な情報をあげる手段として活用することが肝要であろう.


以上,解説してきたエコステージ1必須のサブシステム,「法規制管理システム」,「環境方針展開システム」,「体制・責任システム」,「教育訓練システム」,「コミュニケーションシステム」,「監視システム」,「経営層による見直しシステム」に加え,エコステージ2のサブシステムである「環境側面管理システム」,「文書化・文書/記録管理システム」,「不適合/是正処置/予防処置システム」,「内部環境監査システム」が整備され,実行された状態を整えることができれ

ば，環境経営の基礎レベルが構築し，稼働し始めたと判断できる．

　エコステージは，組織の規模や業種によって取り組みテーマが異なるため，段階的にサブシステムを構築していくことを推奨している．

# 第4章

エコステージ3，4，5のシステムと
ステージアップのポイント

第4章では，エコステージの特徴の1つであるエコステージ2レベル以上のステージ，すなわちエコステージ3，4，5の評価項目とレベル評価の基準，ならびにステージアップのためのポイントを説明する．

## 4.1 エコステージ3, 4, 5 の解説

### （1）エコステージ3

エコステージ3は，企業経営の主要な(本業としての)プロセスである営業，開発・設計，購買・調達，工程，物流など(業種によってその対象プロセスは異なる)において，環境配慮が実現されているとともに，システム改善(プロセスそのものの改善)が実施されているレベルである．

ここでのシステム改善とは，すなわち，環境経営システムの継続的改善であり，実際に環境経営システムの運用を一定期間行った後で，その結果や成果をもとに，よりよいシステムへと改善していくことである．

このようなシステム改善は，単に環境配慮という視点のみならず，経営そのものの改善へとつながるものでないと，なかなか継続的に実施することはむずかしい．

実際によくある環境経営システムへの取り組み事例として，紙・ゴミ・電気があげられるが，これらを継続的に改善しても行き着く先はある程度見えており，それほど発展性や本業への貢献度は見込まれない．したがって，継続的な改善を実施するためには，やはり本業とのリンク(すなわち，各プロセスとのリンク)を図っていくことが必要であるとともに，それが環境経営システムを社内に構築する本来の目的であろう．

以下では，業務の各プロセスにおける環境配慮の例と，エコステージ3における評価のポイントを示している．

① **営業・販売管理**

評価の着眼点は，環境視点での営業・販売管理や顧客管理の適切性がシステ

ムとして構築され，それに基づいて顧客対応が実行されているか，ということである．

例えば，「環境にやさしい商品を積極的に販売することにより，売上を伸ばしていくことを想定している」，あるいは「顧客の環境関連ニーズのモニタリングシステムを構築し実施している」などがあげられる．

### ② 企画開発・設計管理

評価の着眼点は，製品企画・設計の段階で，製品のLCA（ライフ・サイクル・アセスメント）の適切性に考慮する仕組みが構築され，それに基づいて実際にどの程度LCA考慮が実行されているか，ということである．

例えば，ISO9001の場合には設計審査（デザインレビュー）が要求されているが，このデザインレビューの段階で，「環境負荷物質の有無や，リサイクル材などの再資源の投入，長寿性，省エネ性などをチェックする」がこれにあたる．

### ③ 調達・購買管理

評価の着眼点は，グリーン調達基準が明確化され，それに基づいて調達先にグリーン調達基準が適切に伝達され，実際にどの程度グリーン調達が実行されているか，ということである．

環境に配慮した物品のみでなく，環境に配慮した経営を調達システムとして有しているかどうかを確認していくことになる．

例えば，ここでもISO9001の購買管理とリンクして，「品質・コスト，納期のみでなく，環境も評価要素の1つとするシステムを構築する」などがあげられる．

### ④ 施設・設備管理（工程管理）

評価の着眼点は，環境影響を与える施設・設備が適切に選択・網羅されるとともに，それらを管理する仕組みが構築され，それに基づいてどこまで管理が徹底されているか，ということである．

例えば,「設備アセスメントなどを活用して,施設・設備の更新時に性能やコストのみでなく,環境配慮型の設備に更新する」などがあげられる.

⑤ **物流管理**

評価の着眼点は,環境配慮型の物流システムが構築され,どの程度実行・管理が徹底されているか,ということである.

例えば,「環境配慮型の動脈・静脈物流システムの構築」や,「物流最適化のためのアウトソーシング」などがあげられる.

## (2) エコステージ4

エコステージ4は,経営システムの必須要素がカバーされ,かつ環境パフォーマンス指標に基づいた管理が実現できているレベルである.

エコステージ3では,本業のプロセスとリンクしたシステム改善が継続的に実施されているか,ということが重要なポイントであるが,エコステージ4においては,そのようなシステムの継続的改善が実際にパフォーマンス(成果)としてあがっているかどうかが重要となる.

表4.1は,設定されるべき環境パフォーマンス指標そのものやその仕組みに関して,構築レベルと実行レベルで評価するエコステージ4の視点を示したものである.

これを見てもわかるとおり,単にパフォーマンスが向上すればよいというわけではなく,パフォーマンス指標を設定・管理する仕組みや,パフォーマンス結果のシステムへの反映など,エコステージ3におけるシステム改善とも強くリンクした仕組みの構築が重要となる.

## (3) エコステージ5

エコステージ5は,エコステージ4で達成される環境パフォーマンスを組織の,あるいはステークホルダーにとっての経済的なパフォーマンスへとリンクさせ,管理するとともに,(環境的にも経済的にも)成果を生み出しているレベ

表4.1 エコステージ4の評価の視点

| 構築レベル | 実行レベル |
|---|---|
| 定量化された環境パフォーマンス指標に基づく環境目的・目標の適切な設定 | 定量化された環境目的・目標の適切な間隔での達成度管理 |
| 環境教育の指標設定 | 環境教育の指標に基づく達成度管理 |
| 各業務プロセスにおける環境パフォーマンス指標(オペレーショナル・パフォーマンス指標)の設定 | 環境パフォーマンス指標の適切かつ有効な管理 |
| システムの継続的改善内容をふまえた環境パフォーマンス指標の設定 | 環境パフォーマンス結果の定期的評価とパフォーマンス指標への反映 |
| オペレーショナル・パフォーマンス指標設定の適切性 | PDCAサイクルに従った環境パフォーマンス評価の実施 |
| 環境パフォーマンス評価に必要なデータ収集及び分析手順の確立 | 環境パフォーマンス指標関連情報の従業員への適切な伝達 |

ルである.

また,そこで生み出された成果をステークホルダーへと適切に情報発信することによって,組織の活動成果を社会に対して啓蒙していくという視点が重要である.さらに,単なる情報発信にとどまらず,広くステークホルダーからの情報を受け入れることによって,環境配慮型組織として方向性を見出していくための貴重な手段としても活用することができる.このような,組織活動の実践をともなった環境コミュニケーションが確立されているのも,このエコステージ5のレベルとなる.

エコステージ5では,「環境会計」と「情報開示」が必須項目となっている.エコステージ5の評価の詳細な内容については,巻末資料集の「1.エコステージ評価基準兼チェックシート」を参照いただきたいが,「環境目的・目標と環境会計をリンクさせた管理」,「環境教育の費用対効果の把握」,「環境会計による環境保全コストと効果の把握」,「環境会計実施手順の整備」,「ステークホルダーへの社会・環境情報開示や情報受取の仕組み構築」,「環境パフォーマンスと経済(経営)パフォーマンスの両立」,「社会・環境報告書などの第三者検証」

など，かなり詳細な実行レベルでの要求がなされている．

　ただし，詳細なレベルとはいっても，これらの要求事項は「環境会計」ならびに「社会・環境に関わる情報開示」を組織として戦略的に，そして体系立ててシステムとして構築するためには必要不可欠な事項であり，本来，組織として環境と経済との両立（さらにGRIでは"社会"も加わる）を目指して活動を推進していくためには避けることのできない内容であると考えられる．

## 4.2　エコステージ3，4，5の評価項目

### （1）エコステージ3，4，5の評価項目（システム項目）

　エコステージ3，4，5のシステム評価の評価項目を，表4.2～表4.4に示す．なお，網掛けの部分は各ステージにおける必須項目である．

表4.2　エコステージ3の評価項目（システム項目）

| システム項目 | | 評価の着眼点 | 該当レベルに○ | | | | |
|---|---|---|---|---|---|---|---|
| システム改善管理 | 構築レベル | 改善管理の適切性 | 1 | 2 | 3 | 4 | 5 |
| | 実行レベル | 改善実行度 | 1 | 2 | 3 | 4 | 5 |
| 営業・販売管理 | 構築レベル | 営業・顧客管理の適切性 | 1 | 2 | 3 | 4 | 5 |
| | 実行レベル | 顧客への対応度 | 1 | 2 | 3 | 4 | 5 |
| 企画開発・設計管理 | 構築レベル | LCA考慮，製品アセスメントの適切性 | 1 | 2 | 3 | 4 | 5 |
| | 実行レベル | LCA考慮度 | 1 | 2 | 3 | 4 | 5 |
| 調達・購買管理 | 構築レベル | グリーン調達基準の適切性 | 1 | 2 | 3 | 4 | 5 |
| | 実行レベル | グリーン調達・伝達度 | 1 | 2 | 3 | 4 | 5 |
| 施設・設備管理（工程管理） | 構築レベル | 施設選択の網羅性・適切性 | 1 | 2 | 3 | 4 | 5 |
| | 実行レベル | 施設・設備管理の徹底度 | 1 | 2 | 3 | 4 | 5 |
| 物流管理 | 構築レベル | 物流管理の適切性 | 1 | 2 | 3 | 4 | 5 |
| | 実行レベル | 環境配慮物流の実行度 | 1 | 2 | 3 | 4 | 5 |
| | | 小　計 | | | | | 点 |

表 4.3 エコステージ 4 の評価項目（システム項目）

| システム項目 | | 評価の着眼点 | 該当レベルに○ | | | | |
|---|---|---|---|---|---|---|---|
| パフォーマンス管理 | 構築レベル | 指標の適切性 | 1 | 2 | 3 | 4 | 5 |
| | 実行レベル | 指標管理の実行度 | 1 | 2 | 3 | 4 | 5 |
| | | 小　計 | | | | | 点 |

表 4.4 エコステージ 5 の評価項目（システム項目）

| システム項目 | | 評価の着眼点 | 該当レベルに○ | | | | |
|---|---|---|---|---|---|---|---|
| 環境会計 | 構築レベル | 費用・効果算出基準の適切性 | 1 | 2 | 3 | 4 | 5 |
| | 実行レベル | 環境会計活用度 | 1 | 2 | 3 | 4 | 5 |
| 情報開示（広報/社会コミュニケーション） | 構築レベル | GRIガイドラインなどへの準拠 | 1 | 2 | 3 | 4 | 5 |
| | 実行レベル | 社会への情報公開活用度 | 1 | 2 | 3 | 4 | 5 |
| 労働安全衛生 | 構築レベル | 安全・健康基準の適切性 | 1 | 2 | 3 | 4 | 5 |
| | 実行レベル | 安全・健康への配慮度 | 1 | 2 | 3 | 4 | 5 |
| 土壌汚染などの事前評価（環境デューディリジェンス） | 構築レベル | 環境汚染評価基準の適切性 | 1 | 2 | 3 | 4 | 5 |
| | 実行レベル | 環境汚染評価の実行度 | 1 | 2 | 3 | 4 | 5 |
| 人事・労務管理 | 構築レベル | 人事考課基準などの適切性 | 1 | 2 | 3 | 4 | 5 |
| | 実行レベル | 人事考課などへの活用度 | 1 | 2 | 3 | 4 | 5 |
| 情報システム | 構築レベル | IT活用基準の適切性 | 1 | 2 | 3 | 4 | 5 |
| | 実行レベル | IT活用度 | 1 | 2 | 3 | 4 | 5 |
| | | 小　計 | | | | | 点 |

## （2）エコステージ4，5の評価項目（パフォーマンス項目）

エコステージ4，5の評価項目（パフォーマンス項目）を表4.5に示す．

なお，このパフォーマンス評価は，エコステージ4以上に適用される．

環境方針及び目標管理項目に特定された項目を自己宣言項目として，チェック欄に○をつける．さらに環境パフォーマンスの設定レベルと達成レベルを，それぞれ5段階で評価する．

このパフォーマンス項目は，各社の2002年度版の環境報告書を参考に指標として共通性のある項目を抽出し，設定した．

表4.5　エコステージ4, 5の評価項目（パフォーマンス項目）

| パフォーマンス項目 | チェック欄（○） | 評価の着眼点 | 該当レベルに○ ||||| 
|---|---|---|---|---|---|---|---|
| 省エネルギー（事業所, 製品） | ○ | 指標設定の適切性 | 1 | 2 | 3 | 4 | 5 |
| | | 指標の達成度 | 1 | 2 | 3 | 4 | 5 |
| 省資源（事業所, 製品） | ○ | 指標設定の適切性 | 1 | 2 | 3 | 4 | 5 |
| | | 指標の達成度 | 1 | 2 | 3 | 4 | 5 |
| 廃棄物・リサイクル | ○ | 指標設定の適切性 | 1 | 2 | 3 | 4 | 5 |
| | | 指標の達成度 | 1 | 2 | 3 | 4 | 5 |
| 化学物質管理 | | 指標設定の適切性 | 1 | 2 | 3 | 4 | 5 |
| | | 指標の達成度 | 1 | 2 | 3 | 4 | 5 |
| グリーン調達（日用品, 部品） | | 指標設定の適切性 | 1 | 2 | 3 | 4 | 5 |
| | | 指標の達成度 | 1 | 2 | 3 | 4 | 5 |
| エコ商品, サービス | | 指標設定の適切性 | 1 | 2 | 3 | 4 | 5 |
| | | 指標の達成度 | 1 | 2 | 3 | 4 | 5 |
| 環境教育 | | 指標設定の適切性 | 1 | 2 | 3 | 4 | 5 |
| | | 指標の達成度 | 1 | 2 | 3 | 4 | 5 |
| 環境負荷低減（大気・水質・土壌など） | | 指標設定の適切性 | 1 | 2 | 3 | 4 | 5 |
| | | 指標の達成度 | 1 | 2 | 3 | 4 | 5 |
| 環境ラベル | | 指標設定の適切性 | 1 | 2 | 3 | 4 | 5 |
| | | 指標の達成度 | 1 | 2 | 3 | 4 | 5 |
| 関連会社などへの連鎖（海外展開含む） | | 指標設定の適切性 | 1 | 2 | 3 | 4 | 5 |
| | | 指標の達成度 | 1 | 2 | 3 | 4 | 5 |
| 情報開示 | | 指標設定の適切性 | 1 | 2 | 3 | 4 | 5 |
| | | 指標の達成度 | 1 | 2 | 3 | 4 | 5 |
| 社会貢献, その他 | | 指標設定の適切性 | 1 | 2 | 3 | 4 | 5 |
| | | 指標の達成度 | 1 | 2 | 3 | 4 | 5 |

## 4.3 エコステージ 3, 4, 5 のステージアップの手ほどき

### (1) ISOの先にあるものは何か

第1章でも述べたが，エコステージは段階的な取り組みと評価・支援を組み合わせたシステムとなっている．環境経営の導入段階であるエコステージ1から，環境経営の基礎レベル(エコステージ2)，本業とリンクしたビジネスプロセスの継続的な改善(エコステージ3)と，それに基づいた実際の環境パフォーマンス向上，さらに環境パフォーマンスのみならず，経営そのものの経済的パフォーマンス向上(エコステージ4)へと段階的なレベルアップを図る．エコステージ5では組織自らが取り組んだ結果や効果について，より広くステークホルダーへと情報発信していく社会との共生や環境コミュニケーションの視点が重要な要素となっている．

### (2) エコステージの発展段階

エコステージ1〜5までのステージ設定の背景を，図4.1に示す．ここでは，環境効率指標として，1人あたりの売上高(付加価値)と環境経営度(環境経営のレベル)は相関関係にあると仮定している．

図4.1の各領域について，以下に説明する．

① リスク保有状態
- リスク管理不十分で企業内に不安全状況や事故の危険性が内在している状況．

② 法規制遵守以上の状態
- 環境法規制の遵守を達成し，自主基準に基づいて運用されている状況．
- 環境パフォーマンス指標が設定され，管理されている状況．
- コンプライアンス体制が整備され，管理されている状況．

```
                ②法規制遵守以上の状態           エコステージ5
                    （サイト中心）          エコステージ4
                                  エコステージ3
環           エコステージ2
境           エコステージ1                  ③LCA考慮の状態
経                          レベルアップ     （社会中心へシフト）
営
度
             ①リスク保有状態              環境への配慮不足の状態
```

1人あたり売上高(付加価値)

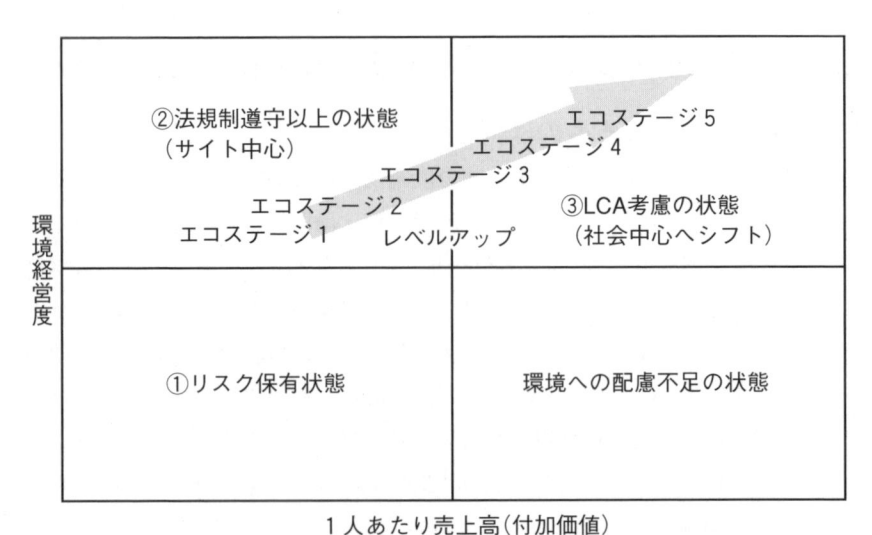

**図4.1　1人あたり付加価値とEMSレベルとの相関関係**

③ **LCA考慮の状態**
- 組織内においてLCA（ライフ・サイクル・アセスメント）を考慮し，環境配慮が実行されている段階．
- ユーザー，購入者の使用コスト及び廃棄コストまで意識した，ライフサイクルコストをふまえた原価低減が実現できている状況．
- 組織の持続可能性を指標としてリスクアセスメント，パフォーマンス評価を経営者自らが設定し，継続的に見直し，社会とのコミュニケーションが円滑に実現できている状態．

## （3）エコステージのレベルアップ方法

　段階的なレベルアップの基本となるシステムは，ISO9001である．エコステージ3は，「環境側面」とISO9001業務プロセスが連携したシステムとなっており，統合マネジメントシステムの基礎レベルともいえる．
　図4.2では，営業・販売，開発・設計，購買などの組織にとって必要不可欠

4.3 エコステージ3，4，5のステージアップの手ほどき　61

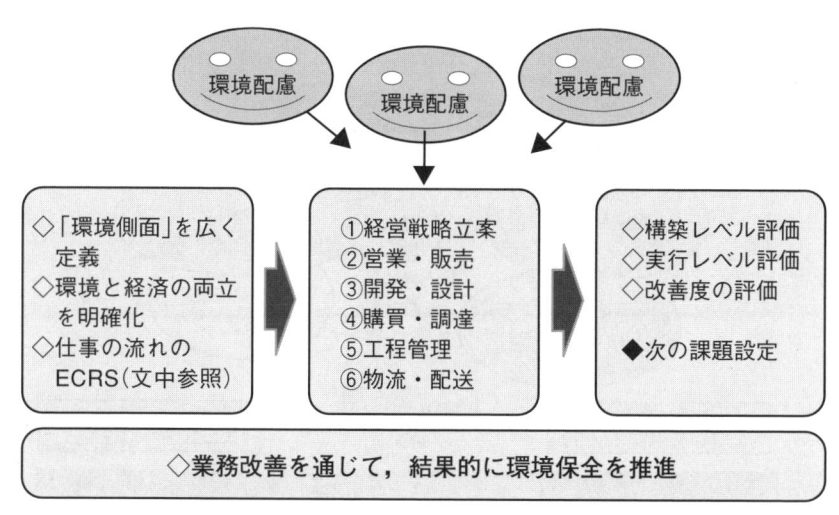

```
    環境配慮         環境配慮         環境配慮
       ↓             ↓               ↓
┌──────────────┐ ┌──────────────┐ ┌──────────────┐
│◇「環境側面」を広く│ │①経営戦略立案  │ │◇構築レベル評価│
│  定義         │→│②営業・販売    │→│◇実行レベル評価│
│◇環境と経済の両立│ │③開発・設計    │ │◇改善度の評価 │
│  を明確化     │ │④購買・調達    │ │               │
│◇仕事の流れの │ │⑤工程管理      │ │◆次の課題設定 │
│  ECRS(文中参照)│ │⑥物流・配送    │ │               │
└──────────────┘ └──────────────┘ └──────────────┘

◇業務改善を通じて，結果的に環境保全を推進
```

図4.2　業務プロセスの付加価値化と環境効率改善

なプロセスに環境配慮をビルトインしていくことを示している．つまり，各組織がエコステージ3にレベルアップするためには，通常の仕事の流れ（業務プロセス）を分析し，その仕事の中に環境配慮ができるか否かが，エコステージ3へのレベルアップの決め手となる．

　この手法は，環境経営システム導入時に，すでに環境側面の抽出や環境影響評価などで実行している場合も多い．しかし，インプット，アウトプット分析のみでは，物の流れが主体の分析方法であり，業務プロセスそのものの改善にはつながらない．製品・サービスの品質を低下させることなく，インプット，アウトプットを極小化させることが必要であり，源流にさかのぼっての改善が必要である．つまり仕事の流れのEliminate（排除），Combine（結合化），Rearrange（代替化），Simplify（簡素化）が，環境配慮を生むことにほかならない．具体的な手法としては，業務フローを書いて現状の問題点を顕在化することである．業務プロセスを改善することで効率的な仕事の流れとなり，その結果が省エネ・省資源となって，環境配慮が実現できるのである．

　また，企業の段階的なレベルアップのために，ISO9004，ISO14004を参考に，

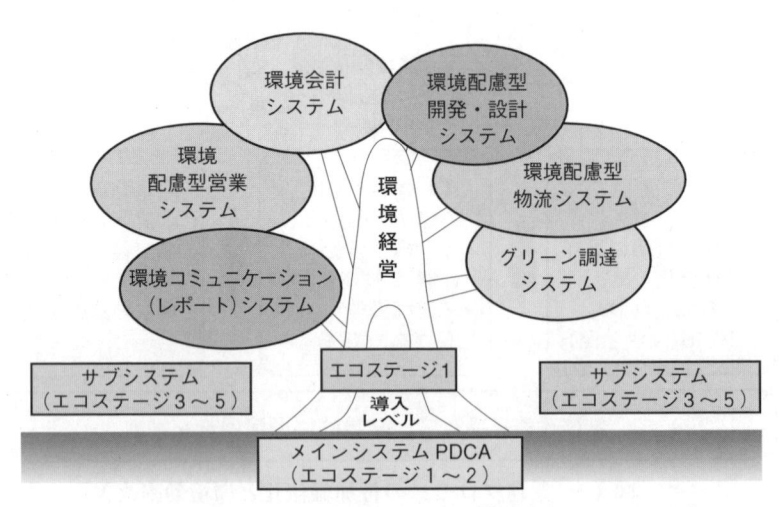

図 4.3　エコステージ評価システム構成とレベルアップ

すべての主要プロセスにおいて環境配慮を段階的に導入することも可能なシステムとなっている(図4.3).理想のシステムは,各部門が独自の環境目標を持って活動し,システムが定着していることであるが,エコステージ1に加えて積木方式で段階的な導入も可能なシステムとなっている(図4.4).

エコステージ評価において重要なことは,毎年システムを見直し,システムの最適化とパフォーマンス向上が車の両輪として実現できていることである.そのためには,環境経営度が点数化され,毎年レベルアップしていることがみえることが重要になる(図4.5).

## (4) エコステージ活用のポイント

エコステージ取得組織が業務改善と環境配慮との連携を図る際には,エコステージプロセス関連図(図4.6)が参考となる.この仮説は吉澤正氏,倉光豊氏が発表した「EMS審査登録制度の信頼性に関する論文」(2001年)を参考に作成されたものである.

4.3 エコステージ3,4,5のステージアップの手ほどき　63

環境配慮型営業システム

グリーン調達システム

環境配慮型物流システム

エコステージ1
パフォーマンス

システムの構成要素

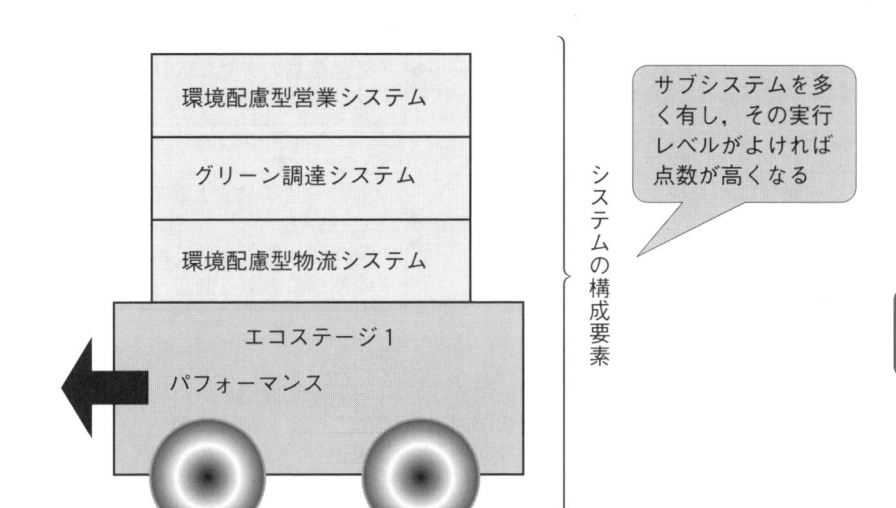

サブシステムを多く有し，その実行レベルがよければ点数が高くなる

図4.4　積木方式の評価システム

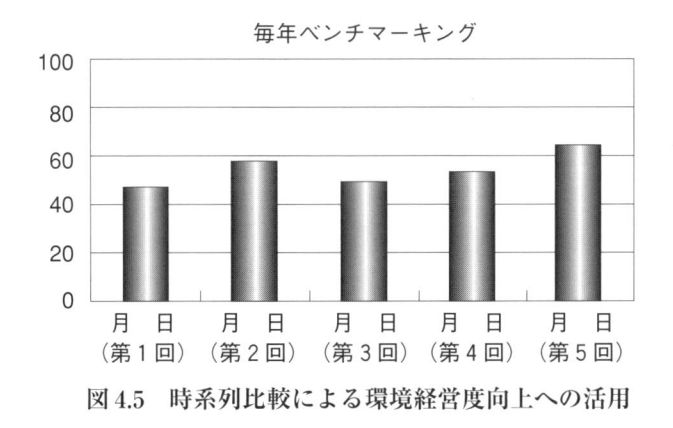

毎年ベンチマーキング

月日（第1回）　月日（第2回）　月日（第3回）　月日（第4回）　月日（第5回）

図4.5　時系列比較による環境経営度向上への活用

図4.6のプロセス関連図から，システム改善がパフォーマンス改善につながるポイントをチェックリストとして，表4.6に示す．

```
                  ┌─────────────────────────┐     ┌─────────────────────────┐
                  │ <内部情報>              │◄───►│ <外部情報>              │
                  │・強み/弱みの有効な分析   │     │・外部意見の有効な取り込み│
                  │・重点課題の適切な把握   │     │・環境変化の適切な分析   │
                  └─────────────────────────┘     └─────────────────────────┘
```

- <組織管理・リソースマネジメント> (ストック系)
  - リーダーシップ
  - 人々の参画

- <環境側面の特定と管理> (フロー系)
  - 利害関係者の意見反映側面
  - 内部効果のある側面

計画

- <方針管理>
  - 環境方針が経営ビジョンとリンクし適切（リーダーシップ）
  - 利害関係者の配慮項目が設定
  - 目標管理とリンク（人々の参画）
  - 本業での環境側面の展開

実行

- <教育／内部コミュニケーション>
  - 内部組織の円滑な情報連絡
  - 改善提案が活発

- <運用管理・監視測定>
  - 適切な指示及び手順書が整備
  - 管理層による有効な点検
  - 有効なフォローアップ

- <外部コミュニケーション>
  - 苦情の適切処理
  - ネガティブ情報も含め情報公開が積極的で信頼度高い

監視

- <内部監査>
  - 有効点検がなされている

改善

- <継続的改善>
  - 有効な是正処置による再発防止対策（是正処置）
  - 有効な予防処置による将来リスクの排除（予防処置）
  - 有効なマネジメントレビューによるレベル向上（経営層による見直し）

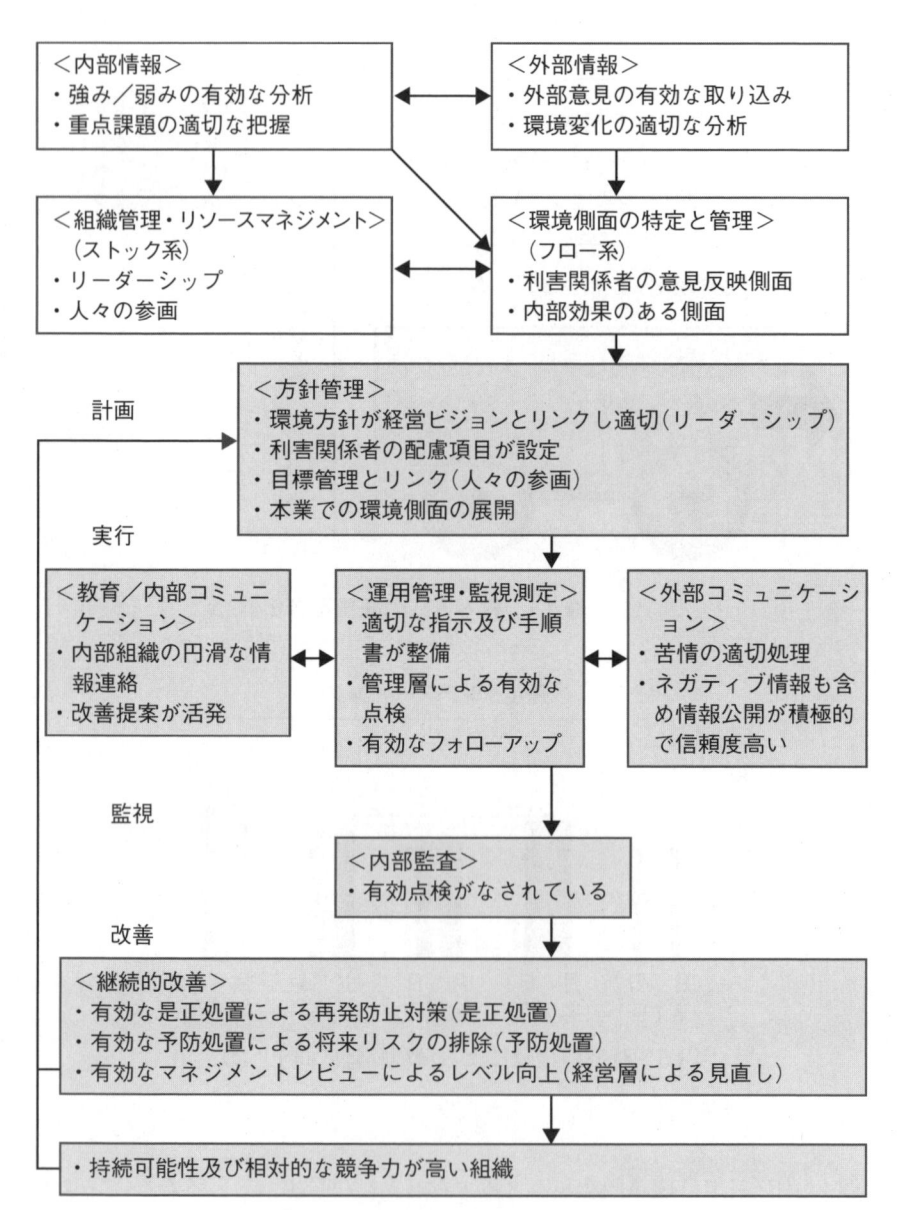

- 持続可能性及び相対的な競争力が高い組織

図 4.6　エコステージプロセス関連図

表4.6 パフォーマンス改善に向けたエコステージ活用のポイント

| 環境側面 | ・利害関係者の意見(内部・外部コミュニケーション)を側面に反映しているか<br>・本業主体の環境側面になっているか<br>・各部門独自の環境側面があるか |
|---|---|
| 組織管理 | ・確実かつ効果的に業務が遂行されるように組織体制を構築しているか<br>・各自の役割意識を高めるコミュニケーションの仕組みがあるか |
| 方針管理 | ・環境方針が経営ビジョンとリンクしており,適切か<br>・本業での環境側面が方針展開されているか<br>・目標は適切にブレークダウンされ,具体化されているか<br>・目標の達成に向けてリーダーシップが発揮されているか<br>・目標の達成に向けて個々人の役割が明確になっているか |
| 運用管理・監視測定 | ・手順書が適切に整備され,必要に応じて指示がなされているか<br>・管理者層により有効な点検がされているか<br>・有効なフォローアップがされているか |
| 外部コミュニケーション | ・苦情,意見の適切な処理とデータベース化がされているか<br>・情報公開が積極的で信頼度が高いか(ネガティブ情報含む) |
| 教育／内部コミュニケーション | ・内部組織の円滑な情報連絡がされているか<br>・改善提案が活発か |
| 内部監査 | ・有効性が監査されているか<br>・監査員の質と量を確保しているか |
| 継続的改善 | ・有効な是正処置により再発防止対策が図られているか<br>・有効な予防処置による将来リスクを排除しているか<br>・経営層による見直しにおいて有効な改善指示が出されているか |

## (5) 環境経営からCSR(企業の社会的責任)へ

　環境コミュニケーションに関する動きは世界的に加速してきており,エコステージ5では,環境コミュニケーションが主体となっている.ISOでは環境コミュニケーションの規格化(ISO14063)の検討段階も佳境に入ってきており,

2005年には規格化の予定である．

　現在，環境報告書はすでに多くの大企業が発行しているが，中小企業及びその他の組織にはそれほど浸透しているわけではない．その理由としては，大企業が発行しているような報告書を作成する人的資源の不足，あるいは環境報告書発行の効果に対する疑問などが考えられる．

　エコステージでは，「報告書」の発行をその目的としているのではなく，組織の環境パフォーマンスと環境への取り組みによってもたらされた経済的パフォーマンスの向上結果を「コミュニケート」し，組織の活動と成果をいかにステークホルダーに適切に理解してもらうか，あるいは啓蒙していくのかに主眼を置いている．

　ISO14063においても，単なる環境報告書の規格にとどまらず，PDCAを導入した環境コミュニケーション全体に関する規格となる予定であり，エコステージの目指す環境コミュニケーションの方向性と類似したものが想定される．

　また，CSR（企業の社会的責任）という概念の発達にともない，企業の環境報告書がCSR報告書へと移行しつつある．CSR報告書作成の指針となっているのが「GRIサスティナビリティ・リポート・ガイドライン」であり，その中では，環境・経済・社会の3つのパフォーマンス指標を取り上げている．エコステージ5では，環境パフォーマンス指標の設定は組織の自主的な選択に依存しているため，エコステージの柔軟性がCSRへとつながるツールを提供することになる．

## （6）グリーン調達への活用法

　エコステージは，各組織の認証取得を目的とするものではない．環境に配慮した商品やサービスを社会に普及させるのが目的である．環境経営は，自社のみでは不十分であり，グループ会社や取引先を含めた環境配慮が行われないと，社会のグリーン化は達成できない．そのためには，環境へ取り組むことで，自社の利益創出とコストダウンの実現がサプライチェーン全体に連鎖していくシステムが必要である．

## 4.3 エコステージ3,4,5のステージアップの手ほどき

例えば，エコステージ評価員は，調達部署の担当者とともにチームを組成し，省エネ診断を通じたコストダウンや，化学物質などのリスク管理などのノウハウ提供を通じて環境と経済を両立させるための支援を行っている．紙・ゴミ・電気など形式的な環境への取り組みを排除し，実質的な成果をあげることを目的とした支援を行っている．

例えば，ソニー㈱，㈱リコーはすでに独自の監査システムで環境品質の監査制度を有し，取引先に対して監査を実行している．取引先の監査を独自展開できる人的余裕がある企業においては有効に機能すると考えられるが，将来においても継続的に実施するには相当のコストがかかるものと予想される．そこでエコステージでは，取引先監査のアウトソーサー機能としてエコステージ評価を活用できる仕組みを提供している（図4.7）．

このシステムは，各企業の自主的な環境への取り組みを支援しながら，段階的な環境経営をサプライチェーン全体へと波及させる効果がある．例えば，㈱

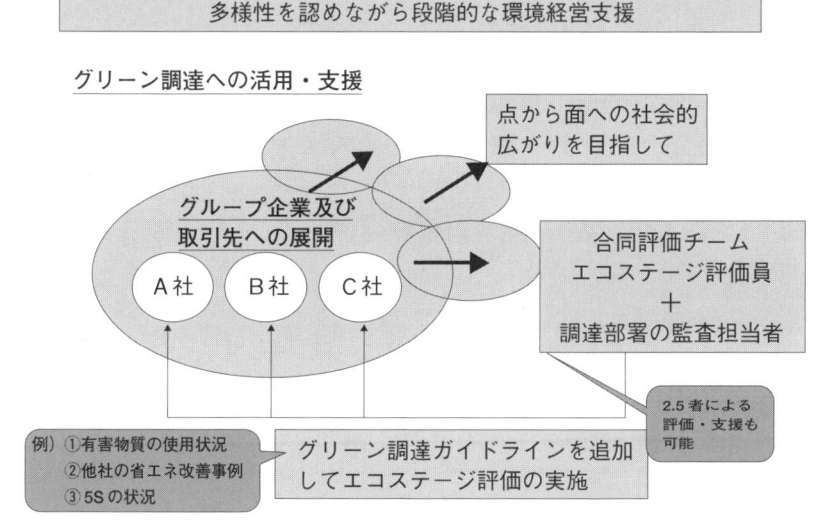

図4.7　合同評価チームによるエコステージ評価

デンソーやNTN㈱では，取引先に対して説明会を開催し，ISO14001またはエコステージの取得を奨励している．

　さらにNTN㈱では，取引先の規模に合わせ，「ISO14001」レベル，「エコステージ1」レベル，「エコステージ入門」レベルの3段階に区分し，取引先の支援を展開している．この制度は，第三者による環境監査の実施と第二者による遵法監査や化学物質などのパフォーマンス管理など，各社の状況に合わせた監査が両立できる点が特徴である（図4.7では，2.5者による評価・支援）．

　エコステージ評価は，調達部署の監査担当者と連携し，エコステージ評価員が各社のグリーン調達基準を参照しつつ，実質的な取り組みを支援することが特徴となっている．

　また，エコステージ評価員以外に，内部監査員の参画も可能なシステムとなっている．エコステージ評価員と内部監査員が共同で各部署の監査を実施し，全体として環境経営評価が実施されれば，第三者評価委員会に申請し，認証可能なシステムとなっている．

# 第5章

## エコステージ導入推進の進め方とポイント

第5章では，エコステージの認証取得がどのような仕組みのもとで進められるかを簡単に説明し，認証を受ける組織がどう考えればよいのかを，ポイントをあげて解説する．

## 5.1 エコステージ支援・評価のステップ

エコステージ評価は，図5.1のような流れで実施される．

初年度は，①エコステージ評価の評価機関への申し込み，②エコステージ宣言の登録，③事前調査書への記入，④ファーストステップの実施，⑤セカンドステップの実施，⑥第三者評価委員会での審査，⑦認証書の発行，という流れになる．④と⑤の間に，希望に応じて有料の追加コンサルティングを実施することもできる．

また，セカンドステップの評価で重大な問題点が発見された場合には，評価

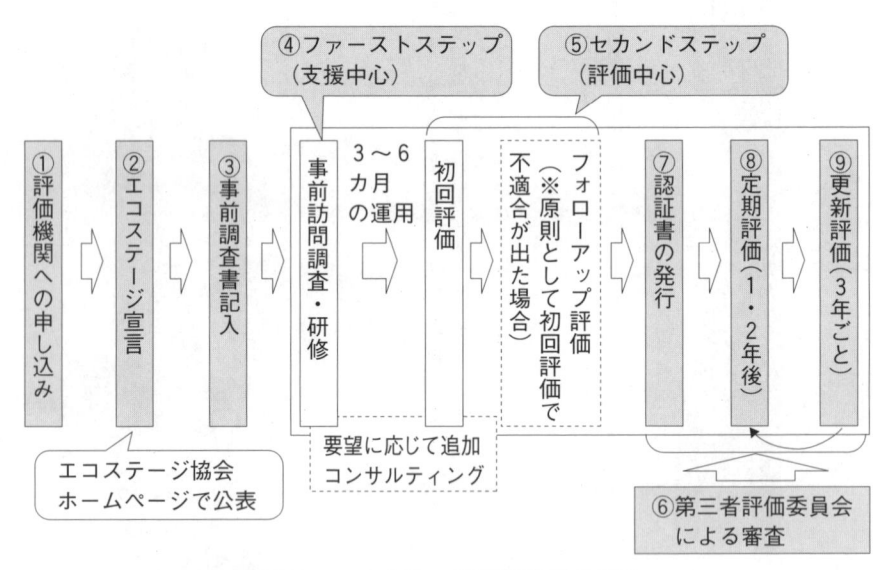

図5.1　エコステージ認証取得の流れ

員の判断により，フォローアップ評価が追加実施される場合もある．セカンドステップの評価結果に問題がなければ，第三者評価委員会での審査を経て，エコステージの認証が得られる．

その後は，1年目と2年目に⑧定期評価，3年目に⑨更新評価が行われる．以後，認証を維持しているうちは，この3年サイクルが続いていく．

## 5.2　評価の申し込みとエコステージ宣言

エコステージ評価の申し込みは，それぞれのエコステージ評価機関が受けつけている．東京，東海，関西の各地区で認定されているエコステージ評価機関は，表5.1の22機関である（2004年3月現在）．

見積りなどのやり取りを経て，エコステージ評価機関との契約が整うと，次に「エコステージ宣言」の登録を行う．これは，エコステージ導入をトップが決定し，認証取得に向けて取り組みを開始した証として，それを広く社会に宣言するものである．エコステージ評価機関が地区事務局に登録手続きを行うと，エコステージ協会のホームページ（http://www.ecostage.org/）に，「組織名」，

表5.1　エコステージ評価機関一覧表（社名50音順）

| | |
|---|---|
| ・ISOコンサルティングオフィス株式会社 | ・株式会社日本環境マネジメント研究所 |
| ・有限会社エブリデイビジネス | |
| ・有限会社環境改善研究所 | ・有限会社ネスキュー |
| ・株式会社コンセプトクリエイト | ・特定非営利活動法人ノウハウ会 |
| ・株式会社ジェイ・エム・シー | ・富士ゼロックス株式会社 |
| ・株式会社ジェイコマネジメントシステム | ・ハタコンサルタント株式会社 |
| ・株式会社スイセイ | ・株式会社フルハシ環境総合研究所 |
| ・ソニーファシリティマネジメント株式会社 MSコンサルティング事業部 | ・NTNテクニカルサービス株式会社 |
| ・社団法人中小企業診断協会・東京支部 | ・特定非営利活動法人R-ISO環境マネジメント研究協会 |
| ・株式会社中部技術支援センター | ・株式会社UFJ総研マネジメントシステム |
| ・協同組合東海マネジメント協会 | |
| ・特定非営利活動法人富山ISO普及支援センター | ・株式会社UFJ総合研究所 東京本社 |

「宣言日」,「取り組みステージレベル」などが掲載される(ホームページへの掲載をしないよう希望することもできる).

「エコステージ宣言」の有効期間は宣言日から1年間であるが,この期間内にセカンドステップまで進まないと宣言が自動的に取り消されてしまう.しかしながら,きちんと取り組みさえすれば,ほとんどの組織は1年以内にエコステージの認証を取得できるので,心配には及ばない.

この後,エコステージ評価機関と評価対象組織との間で,ファーストステップの日程の調整や,担当するエコステージ評価員の人選などが行われる.

## 5.3　事前調査書の記入

エコステージ宣言が済むと,エコステージ評価機関から「事前調査書」という書類が送られてくる.「事前調査書」には,「会社概要」,「事業所概要」のほか,「重要環境管理項目」,「立地条件」,「使用している原材料・エネルギー・用水」,「廃棄物・化学物質」,「設備」,「近隣からの苦情」などの環境に関連する基礎的情報を,設問に沿ってわかる範囲で記入していく(表5.2).一通り記入したら,次のファーストステップの前にエコステージ評価機関に提出する.

環境経営システムに取り組んだことのない企業から提出される「事前調査書」を見ると,空欄だらけの場合も多いが,それでもまったく構わない.埋めきれない項目は,ファーストステップの際に訪問したエコステージ評価員が,現場を確認しながら書き込んだり修正したりしていく.「事前調査書」の空欄を評価員と一緒に埋めていくということ自体が,コンサルティングの第一歩となるわけである.

## 5.4　ファーストステップと追加コンサルティング

「ファーストステップ」は,環境経営システムの構築支援のためのコンサルティングを中心とした段階である.2.1節で述べたとおり,エコステージでは

表5.2 事前調査書の項目

| 項目名 | 主な設問 |
|---|---|
| 会社概要 | 業種，社員数，売上，主要取引先，経営方針 |
| 事業所概要 | 事業所名，所在地，従業員数，事業内容，同一敷地内に他社がある場合にはその概要 |
| 重要環境管理項目 | 有害な影響項目(電力，燃料，化学物質，産業廃棄物，排ガス，排水)，有益な環境項目(グリーン調達，環境配慮製品など，物流合理化，環境教育，IT化) |
| 立地条件 | 近隣の海・河川・湖など，地下水の使用，用途地域指定 |
| 原材料・エネルギー・用水 | 主な原材料の名称・使用量・貯蔵量，燃料の種類・使用量，電力の使用量，用水の種類・使用量 |
| 廃棄物・化学物質 | 産業廃棄物の種類・発生量・処理処分先，PRTR指定物質などの名称・使用量・最大貯蔵量 |
| 設備 | ボイラー，自家発電設備，浄化設備，オイルタンク，大型コンプレッサーなど |
| その他 | 官公庁からの改善勧告の有無・対応，周辺住民からの苦情の有無・対応，マネジメントシステム(品質・労働安全衛生・情報・環境など)の受審経験 |
| 要望事項 | － |

同じ評価員が支援と評価の両方を行うことができる．

表5.3は，ファーストステップのスケジュールの一例である．

ファーストステップでの重要なポイントは，①重要環境管理項目(著しい環境側面)の特定，②環境方針の環境目的や目標への展開，③環境法規制のチェック方法の指導，④エコステージの各種参考帳票の使い方の指導，⑤改善ポイントの指摘，などである．

## (1) 現場確認と重要環境管理項目の特定

エコステージ評価員は，初めにエコステージの導入目的や事業所の概要を確認した後，受審側の担当者とともに現場を見て回りながら，事前調査書に書かれた内容を確認していく．事前調査書に空欄の項目があれば，このとき埋めていく．さらに，重要環境管理項目(著しい環境側面)の特定も，この現場確認を

表5.3　エコステージ「ファーストステップ計画書」(例)

日　時：200○年○月○日(○)　10：00～17：00
担　当：エコステージ評価員　○○○○

| 時　間 | 区　分 | 内　容 | 参照資料 |
|---|---|---|---|
| 10：00～10：30 | 概要説明 | オープニング・ミーティング<br>・事業所概要確認<br>・エコステージ取得目的の確認 | 会社概要など |
| 10：30～12：00 | 調　査 | 現場確認・インタビュー<br>・事前調査書の内容確認<br>・重要環境管理項目の確認 | 事前調査書 |
| 13：00～17：00 | 研　修 | 環境経営システム構築セミナー<br>・エコステージ構築の進め方<br>・重要環境管理項目の特定<br>・方針・目的・目標の展開<br>・環境法規制管理の方法<br>・帳票類の使い方<br>・改善ポイントの指導 | エコステージ小冊子<br>モデル帳票 |

通じて行っていく．

　著しい環境側面の特定について，ISO14001審査員は特定に至るまでのロジックが明確になっていることを要求するので，多くのISO14001受審組織が苦労する部分である．特定のための方法はいろいろあるが，例えば洗い出した環境側面に複数の観点から点数をつけ，その合計点で著しい環境側面を特定するといった方法をとる組織も多い．しかし実際のところ，経験豊富なエコステージ評価員であれば，現場を目でみて，直感的に著しい環境側面を特定することもそれほどむずかしい作業ではない．

　そこでエコステージ1では，「環境側面管理」を必須項目から外し，複雑なロジックなしで，著しい環境側面(エコステージでは「重要環境管理項目」と呼んでいる)を特定することを認めている．なお，事前調査書にも「重要環境管理項目」の記入欄があるが，ここにすでに書き込まれている場合は，その項目で妥当かどうかをエコステージ評価員がアドバイスするという形をとる．

　もちろん，この重要環境管理項目の特定は，以後の環境取り組みの成果を左

右する根幹部分なので，決して軽視してよいものではない．経験豊富なエコステージ評価員だからこそ，このような方法が可能なのである．またエコステージ2の場合は，重要環境管理項目の特定に至る手順を明確にしなければならない．

## （2）環境経営システム構築指導

現場をみて回った後は，環境経営システムの構築指導が行われる．

ここでの1つ目の重要ポイントは，現場で確認された状況をもとに決定した重要環境管理項目を，環境方針や環境目的・目標に展開していくことである．環境方針はその組織が長期的に目指す方向性を明確化したもの，環境目的は3年程度の中期的な到達点，環境目標は1年程度の短期的な到達点である．環境方針→環境目的→環境目標という順にブレークダウンして展開していく．

環境目的・目標への展開にあたっては，原材料やエネルギー，廃棄物などの環境負荷を減らそうという方向に目が向きがちである．特に，サービス業などオフィス業務中心の組織の場合，俗に「紙，ゴミ，電気」と呼ばれるような，コピー用紙の使用量削減，オフィスゴミの削減，省エネなどの取り組みにとどまってしまいがちである．もちろん，オフィスの環境負荷削減も軽視してはいけないが，その効果は小さい．本来の業務を通じた，環境にとってプラスの取り組みができないかどうか，という視点も忘れてはならない．

環境経営システム構築指導での2つ目の重要ポイントは，環境法規制遵守のチェックである．環境法規制は，当然遵守しなければならないものではあるが，法律から条例まで多岐にわたっており，中小企業などでは実際のところ遵守が行き届いていないことも多い．しかし，環境経営に取り組むのであれば，環境法規制遵守の徹底は必要条件である．環境法規制は，各企業自身が責任を持ってチェックしていかなければならないが，そのために必要な法規制の調べ方やチェックリストの作成方法などを，エコステージ評価員が指導する．

エコステージ協会では，「エコステージ1：環境経営システム構築に役立つ帳票類」として，21種類の各種帳票のフォームを提供している（表5.4，また巻

表5.4 エコステージ協会で提供している帳票類

| 項目番号 | 分　野 | 帳票名 |
|---|---|---|
| 4.2 | 「環境管理活動方針」 | 「環境管理活動方針」 |
| 4.3 | 「環境管理活動計画」 | 「重点環境管理項目リスト」<br>「環境目的・目標」<br>「年度環境管理活動計画／フォロー表」 |
| 4.4 | 「環境管理活動の実施及び運用」 | 「環境管理組織体制」<br>「環境管理に関する役割分担表」<br>「環境教育訓練年間計画表」<br>「環境教育訓練報告書」<br>「環境情報連絡書」<br>「環境改善・提案書」 |
| 4.5 | 「活動状況の把握と改善」 | 「環境管理活動チェックシート」<br>「法令・その他の要求事項評価一覧表」<br>「是正処置報告書」<br>「予防処置報告書」<br>「環境記録管理一覧表」<br>「内部環境監査年間計画表」<br>「内部環境監査実施計画書」<br>「内部環境監査報告書」<br>「内部環境監査不適合／改善事項勧告書」 |
| 4.6 | 「経営層による見直し」 | 「経営層による見直しチェックリスト」 |

末の資料集を参照）．必ずしもこれらを使わなければならないということではなく，すでに使用している帳票を活用できるならそれを使ってもよいし，独自のフォームを新たに作成してもよい．また，これらの帳票を適宜アレンジして使用しても構わない．エコステージ評価員のアドバイスを受けながら，もっとも効率的な使用方法をみつけ出して欲しい．

　これらの重要ポイントの説明や指導の後，エコステージ評価員は改善すべきポイントを全般的に指摘していく．ここで指摘されるのは，環境経営システムへの不適合に関する指摘だけでなく，環境パフォーマンスを改善するためのヒントや，経営改善に役立つヒントなども含まれる．また，単に改善すべき点を指摘するだけでなく，どのように改善すればよいかの選択肢を提示し，それに

よってどのような効果が期待できるかといったことまで言及する場合も多い．エコステージ評価員のアドバイスにどう対応するかは評価対象組織の判断次第であり，改善方法などを評価員が無理強いしてはいけないことはいうまでもない．

ファーストステップの最後に，次回の日程を調整して決めておくとよい．日程が決まっていた方が，評価対象組織にとっても取り組みに力が入るからである．

### （3）追加コンサルティング（オプション）

エコステージ評価では，ファーストステップが終わると，3～6カ月の運用期間を経て，評価の本番であるセカンドステップに進むことができる．ただし，ファーストステップでの支援だけでは不足あるいは不安な場合には，オプションの追加コンサルティングを受けることも可能である．

追加コンサルティングは1日につき20万円（半日なら14万円）の費用がかかるが，1回程度の追加コンサルティングを受けた方が，環境経営システムの構築が円滑に進むかもしれない．

追加コンサルティングの中身は要望に応じてアレンジできるが，例えば，社員向けの環境教育，システムの運用状況のチェック，不適合の発見と改善指導などを組み合わせることが多い．

## 5.5　セカンドステップとフォローアップ評価

「セカンドステップ」は，環境経営システムがきちんと構築され，運用されているかどうか，またそのパフォーマンスが妥当かどうかをチェックするための，評価を中心とした段階である．

### （1）セカンドステップの開始

表5.5は，セカンドステップのスケジュールの一例である．セカンドステッ

表5.5 エコステージ「セカンドステップ計画書」(例)

| 時　間 | 場　所 | 内　　容 | 出席予定者 |
|---|---|---|---|
| 9:00～10:30 | 会議室 | オープニング・ミーティング<br>・事業所概要確認<br>・エコステージ取得目的の確認 | 社　長<br>環境管理責任者<br>各部門長 |
|  | 工　場 | 現場巡回 | 環境管理責任者 |
| 10:30～11:00 | 社長室 | トップヒアリング<br>・経営方針<br>・環境方針，など | 社　長<br>環境管理責任者 |
| 11:00～12:00 | 会議室 | 文書評価<br>・組織管理<br>・方針管理<br>・法規制管理，など | 環境管理責任者 |
| 12:00～13:00 | 食　堂 | 昼食・休憩 |  |
| 13:00～14:30 | 会議室 | 文書評価及び現地ヒアリング<br>・教育・コミュニケーション<br>・監視・測定<br>・経営層による見直し，など | 環境管理責任者 |
| 14:30～15:30 | 工　場 | 現場確認 | 環境管理責任者 |
| 15:30～16:30 | 会議室 | 評価員による結果のまとめ | ― |
| 16:30～17:00 | 会議室 | クロージング・ミーティング<br>・不適合の指摘と是正処置<br>・質疑応答<br>・エコステージ評価結果の報告<br>・その他 | 社　長<br>環境管理責任者<br>各部門長 |

プに必要なエコステージ評価員の人数や日数は，組織の規模によって異なり，概ね30名未満の組織で1人・日，30～100名未満で2人・日，100～300名未満で3人・日，300名以上で4人・日程度である．この例は，1人・日で評価を行う場合である．

　最初に開始ミーティングを行うが，その手順は，①評価側・被評価側の紹介，②評価目的・スケジュール・範囲などの確認，③評価基準名(エコステージ1など)の確認，④評価の手順やスケジュールの確認，⑤評価チームへの協力依

頼，⑥終了ミーティングの時間・場所の確認，⑦評価開始の宣言，といった流れである．特に，⑥で終了ミーティングの場所と時間を予め確定し，経営トップの参加を促すことが重要である．

## （2）トップヒアリング

開始後なるべく早い段階で，経営トップへのヒアリングを行うことが望ましい．特に中小組織では，経営トップの関与が環境マネジメントシステムの成否に大きくかかわってくる．経営トップの環境への取り組みの方針を把握しておくことは，評価の実施にあたっても重要である．

## （3）現場確認と文書や記録の確認

エコステージの評価では，形式よりも実質を重視しており，環境経営システムの現場への展開がきちんとできているかどうかが重要なポイントとなる．手順やルールが従業員にきちんと理解されているか，手順が効果的に実行されているかといったことを，現場をみながら確認していく．

エコステージ評価員の質問は，「はい」，「いいえ」で答えられるような質問ではなく，５Ｗ１Ｈ（誰が？，何を？，いつ？，どこで？，なぜ？，どのように？）を意識した質問が中心となる．また，現物でのヒアリングや観察も重要である．もし現場の担当者で気になる回答や気になる事実などがあったら，その場で評価員とともに事実を確認しておく必要がある．

エコステージ評価は「現場重視」が特徴である．現場改善をエコステージ評価員とともに推進していくことが改善のポイントである．また，文書や記録についても確認される．

エコステージ評価員が後日第三者評価委員会で報告するときのために，いくつかの資料をコピーしてサンプルとして提出する必要がある．必要なサンプル資料は，①環境にかかわる活動方針，②環境にかかわる目的・目標，③活動計画／フォロー表，④組織体制，⑤環境管理に関する役割分担，⑥教育訓練の計画，⑦教育訓練の結果報告，⑧環境管理活動のチェック記録，⑨法規制遵守の

確認資料，⑩経営者による見直しの記録，などである．

## （4）不適合と推奨事項

　セカンドステップで，システム構築上あるいは実行上の問題点が発見された場合には，「不適合」または「推奨事項」として指摘し，文書に明記する．

　「不適合」とは，決められたルールと客観的な事実が一致しない場合であり，評価対象組織としては，不適合として指摘されたことは改善しなければならない，強制力のある指摘である．ここでいう決められたルールとは，環境法規制や，エコステージの要求事項のほかに，自らが定めた環境方針や，環境目的・目標，行動計画，手順書なども含まれる．

　不適合が発見された場合，ISO14001では，ISO審査員はどのように改善するかまでアドバイスしてはいけないのが原則だが，エコステージでは，エコステージ評価員は改善方法についてアドバイスしてもよいことになっている．ただし，エコステージであっても，特定の方法を押しつけるようなことは慎まなければならない．

　不適合は，重大性によってAランクの「重大な不適合」と，Bランクの「軽微な不適合」に分けられる．

　また「推奨事項」とは，不適合ではないが，改善した方がよい事項である．これは，必ずしも強制力を持ったものではなく，改善するかしないかは，評価対象組織側の判断次第である．不適合及び推奨事項の分類を，表5.6に示す．

　不適合や推奨事項を指摘するときにエコステージ評価員が気遣わなければならないのは，エコステージ評価の目的が，評価対象組織に形式だけを整えさせたり，アラを探したりすることではなく，評価対象組織の環境パフォーマンスを伸ばし，さらには経営パフォーマンスを向上させることにある，ということである．決して形式を無視してよいということはないが，形式を整えること自身に意味があるのではなく，形式を整えることはあくまでも環境パフォーマンスや経営パフォーマンスを向上させるための一手段であることを忘れてはならない．

表5.6　エコステージ評価における不適合及び推奨事項の分類

| 種　類 | ランク | 評価表点数 | 内　　容 |
|---|---|---|---|
| 重大な不適合 | A | 1点 | 環境経営システムが崩壊してしまう可能性がある，または環境リスク管理上で問題が大きいと考えられる事項 |
| 軽微な不適合 | B | 2点 | 環境経営システムが崩壊する可能性はないが，システムの一部欠落または実行度が弱いと考えられる事項（客観的な事実がある場合） |
| 推奨事項 | C | 3点〜 | システムの実行はされているが，レベルアップのための改善推奨事項（改善のためのアドバイスなど） |

## （5）評価結果のまとめと評価表の作成

　文書や現場のチェックがすべて完了したら，評価員は「是正処置報告書」と「エコステージ評価表」の作成を行う．概ね1時間程度の時間内にこれらを完成するには，かなり大急ぎで作業を行う必要がある．

　「是正処置報告書」（表5.7）は，指摘する不適合と推奨事項を記入する様式である．これはエコステージ協会が定めた標準の様式を使用する．

　現地では，「発見された事実／コメント（推奨事項）」，「ランク」の欄までを記入する．後日，評価対象組織が「不適合の発生原因」と「不適合処置／是正処置の内容」欄に記入し，エコステージ評価員に送付する．それを受け取った評価員は，内容が妥当と判断すれば，「処置確認欄」に記入して，一連の是正処置を完了させる．是正内容がまだ不適当だと思えば，再度是正処置を要求することもできる．

　不適合の是正が完了しないうちは，エコステージの認証は行われない．

　なお，「推奨事項」も同じ様式に記入し，ランク欄にCと記入するが，推奨事項については是正処置をとる必要はない．

　「エコステージ評価表」（表5.8）は，評価の結果を点数化して記録するものである．それぞれの項目について5点満点で点数をつける．標準は3点で，軽度の不適合がある場合は2点，重大な不適合がある場合は1点をつけることが原

表5.7 是正処置報告書

| No. | 発見部署 | 発見された事実/コメント（指摘事項） | ランク | 不適合の発生原因 | 不適合処置/是正処置の内容 | 処置確認欄（評価員使用） |
|---|---|---|---|---|---|---|
| 1 | 環境管理責任者ほか | 環境方針の内容が具体的な行動に結びつくように設定されていない。方針展開を考慮してください。<br><基準文書>エコステージ1<br><該当項目>4.2 | C | 担当：<br>予定：／／ | 担当：<br>実施日：／／ | 担当：<br>確認日：／／ |
| 2 | 〃 | 著しい環境側面（重点環境管理項目）にどのような環境管理項目があるのかが特定されていない。<br><基準文書>エコステージ1<br><該当項目>4.3.1 | B | 担当：<br>予定：／／ | 担当：<br>実施日：／／ | 担当：<br>確認日：／／ |
| 3 | 〃 | 環境管理手順書ではMSDSを管理することになっているが、製造部ではMSDSが管理されていない。<br><基準文書>エコステージ1<br><該当項目>4.4.5、4.4.2 | B | 担当：<br>予定：／／ | 担当：<br>実施日：／／ | 担当：<br>確認日：／／ |
| 4 | 〃 | 目標達成の進捗管理手順が不明確（日常監視すべき項目が不明確。記録がないので進捗管理できない）。<br><基準文書>エコステージ1<br><該当項目>4.5.1 | B | 担当：<br>予定：／／ | 担当：<br>実施日：／／ | 担当：<br>確認日：／／ |

5.5　セカンドステップとフォローアップ評価

表5.8　エコステージ評価表（一部抜粋）

| 項目番号 | システム項目 | | 評価の着眼点 | 該当レベルに○ | コメント | | 今後の課題 |
|---|---|---|---|---|---|---|---|
| | | | | | 評価できる点 | コメント | |
| ① | 組織管理 | 構築レベル | 組織体制の適切性 | 1 2 3 4 5 | | | |
| | | 実行レベル | 伝達度・責任・権限の実行度 | 1 2 3 4 5 | | | |
| ② | 環境側面管理 | 構築レベル | 抽出・評価基準の適切度 | 1 2 3 4 5 | | | |
| | | 実行レベル | 運用度・見直し度 | 1 2 3 4 5 | | | |
| ③ | 方針管理 | 構築レベル | 経営方針との整合性・適切性 | 1 2 3 4 5 | | | |
| | | 実行レベル | 階層浸透度・達成度 | 1 2 3 4 5 | | | |
| ④ | 法規制管理 | 構築レベル | 特定内容の適切度 | 1 2 3 4 5 | | | |
| | | 実行レベル | 法対応スピード・遵守度 | 1 2 3 4 5 | | | |
| ⑤ | 教育・内部コミュニケーション | 構築レベル | 教育内容の適切度 | 1 2 3 4 5 | | | |
| | | 実行レベル | 自覚・周知度 | 1 2 3 4 5 | | | |
| ⑥ | マネジメント文書 | 構築レベル | 文書体系の適切性 | 1 2 3 4 5 | | | |
| | | 実行レベル | 文書体系の周知度 | 1 2 3 4 5 | | | |
| ⑦ | 文書・記録管理 | 構築レベル | 文書・記録管理の適切性 | 1 2 3 4 5 | | | |
| | | 実行レベル | 文書・記録管理の徹底度 | 1 2 3 4 5 | | | |
| ⑧ | 外部コミュニケーション | 構築レベル | 苦情対応の適切性 | 1 2 3 4 5 | | | |
| | | 実行レベル | 苦情対応度・情報公開度 | 1 2 3 4 5 | | | |
| ⑨ | 運用管理 | 構築レベル | 運用基準の適切性 | 1 2 3 4 5 | | | |
| | | 実行レベル | 運用基準の遵守度 | 1 2 3 4 5 | | | |
| ⑩ | 緊急時管理 | 構築レベル | 緊急時特定の適切性 | 1 2 3 4 5 | | | |
| | | 実行レベル | 訓練等の実施度 | 1 2 3 4 5 | | | |
| ⑪ | 監視・測定管理 | 構築レベル | 監視管理の適切性 | 1 2 3 4 5 | | | |
| | | 実行レベル | 監視管理の遵守度 | 1 2 3 4 5 | | | |
| ⑫ | 是正処置 | 構築レベル | 是正処置の適切性 | 1 2 3 4 5 | | | |
| | | 実行レベル | 是正処置のレベル | 1 2 3 4 5 | | | |
| ⑬ | 予防処置 | 構築レベル | 予防処置の適切性 | 1 2 3 4 5 | | | |
| | | 実行レベル | 予防処置のレベル | 1 2 3 4 5 | | | |
| ⑭ | 内部監査 | 構築レベル | 監査方法の適切性 | 1 2 3 4 5 | | | |
| | | 実行レベル | 監査内容のレベル | 1 2 3 4 5 | | | |
| ⑮ | 経営層による見直し | 構築レベル | 見直しの適切性 | 1 2 3 4 5 | | | |
| | | 実行レベル | 見直し結果のレベル | 1 2 3 4 5 | | | |
| | | | 小　計 | 点 | | | |

5 エコステージ導入推進の進め方とポイント

則である．逆に優れている項目には4点，業種・業態からみてトップレベルにある項目には5点をつけることができる．

また，「エコステージ評価表」では各評価項目ごとに構築レベルと実行レベルで点数をつけるようになっている．構築レベルとは，環境マネジメントシステムとしてのルールを構築するまでの段階を評価したものであり，実行レベルとは，構築されたルールを実行する段階を評価したものである．

## （6）終了ミーティング

「終了ミーティング」は，セカンドステップの評価を総括する場である．①評価への協力のお礼，②評価目的と範囲の再確認，③評価結果の報告（不適合や推奨事項を1件ずつ報告），④質疑応答，⑤不適合への是正処置の要求，⑥是正処置の確認方法・時期の調整，⑦エコステージ評価表の報告，⑧サンプリング評価の限界の注意，⑨総括コメント，といった流れで行われる．

指摘する不適合がある場合は，必ずこの場で評価対象組織側の同意を得る必要がある．同意が得られない場合，その理由が納得できるものであれば，評価員側は指摘を取り下げることもできる．

## （7）不適合の是正確認とフォローアップ評価

不適合として指摘された事項については，必ず是正処置をとらなければならない．是正処置とは，単に応急処置的にその不適合を解消するだけでなく，その不適合が発生した理由を追求し，同様の不適合が発生しないように根本的な対策をとることを意味する．

不適合の是正状況の確認方法は，その不適合の内容にもよるが，書類でのチェックや現場の写真でのチェックなどで確認可能なものは，そのようなチェック方法でも構わない．重大な不適合などで，再度訪問する必要がある場合には，「フォローアップ評価」を実施する．ただし，フォローアップ評価は有料なので，評価対象組織は半日で14万円（あるいは，不適合項目が多いなど評価に時間を要するような場合には，1日で20万円）の費用を別途負担しなければなら

ない．

　なお，不適合を指摘した場合にはエコステージ評価表では該当項目に1点や2点をつけることになるが，その不適合が是正されても，「エコステージ評価表」の点数は修正しない．最初につけた点数のままで第三者評価委員会に報告する．

## 5.6　第三者評価委員会での審査

　「第三者評価委員会」は，エコステージ協会の機関として評価機関とは独立して，現在，東京，東海，関西の各地区に設置されており，大学，企業，NPOなどの，環境経営システムに対する卓越した知識を有するメンバーで構成されている．エコステージの認証についての審査や，エコステージ評価機関の認定の審査，エコステージ評価員の適格性の審査などは，すべてこの第三者評価委員会が行う．

　第三者評価委員会には，実際にセカンドステップの評価にあたったエコステージ評価員が出席して，第三者評価委員会に評価内容を報告し，質疑応答に対応する．1件あたりの審査時間は，概ね15～20分程度だが，密度の濃いやり取りが行われる．その結果，第三者評価委員会が適正な評価であると判断した場合に，「エコステージ認証書」と「第三者意見書」が，第三者評価委員会と担当したエコステージ評価機関の連名で発行される．

　また，第三者評価委員会は，エコステージ評価員による報告の間，評価対象組織に関する審査だけでなく，報告している評価員自身の適格性も審査している．その評価員が実施した評価の内容や報告の方法に大きな問題があれば，エコステージ評価員としての資格を取り消す場合もある．

## 5.7　定期評価・更新評価とステージアップ

　エコステージの認証の有効期間は3年間であるが，第三者評価委員会での審

査を経てエコステージの認証が得られると，以後，1年目と2年目に「定期評価」，3年目に「更新評価」が行われる．

「定期評価」や「更新評価」の実施方法は，セカンドステップの評価とほぼ同じである．「セカンドステップ評価」や「更新評価」は，評価対象組織の全体を対象として評価を実施することを原則とするが，1年目と2年目の「定期評価」は，評価対象組織の一部をサンプル的に評価すればよいことになっている．

また，エコステージのステージアップは，原則的にはいつでも受審することが可能であるが，「定期評価」や「更新評価」の機会に合わせて行うのが効率的である．

「定期評価」でのステージアップの場合，初回の「セカンドステップ評価」と同様に評価対象組織の全体を対象として評価を実施すれば，そこから3年間が新たな有効期間となる．なお，評価対象組織の一部をサンプル的に対象とする方法で「定期評価」を行ってステージアップすることもできるが，その場合には，当初の有効期間は変更されない．

ステージアップは，もちろん行うことが望ましいが，必ずしもステージアップしなければならないということはない．同じステージにとどまることも可能である．少しずつ準備を整え，組織の規模や業種・業態に合わせて，無理なくステージアップしていくことが望ましい．

# 第6章

## 各地のエコステージ導入事例

## 1．魚新 ―エコステージに挑戦する日本料理店―

■店舗概要
- 店　　名：魚新　丸ビル店
- 住　　所：東京都千代田区丸の内2-4-1　丸の内ビルディング6F
- 従業員：12名

## （1）エコステージ導入の背景と目的

　東京新丸ビル内にある日本料理店「魚新　丸ビル店」は，鮮魚店，仕出屋から100年以上続く赤坂「魚新」の支店である．「魚新」オーナーの四分一会長が，家業を長男の専務に譲るにあたり，自分なりのマネジメントツールを持って欲しいと考えたことがエコステージに注目した理由である．

　会長は，「社員は親御さんからの預かりもの．経営者は次の世代を教育する責任がある」，「料理人は洋の東西を問わず物(材料)を大事にする．料理人は環境保全を実践している」，「年中無休の店が増える中で，若い料理人の教育支援ツールとしてエコステージが使える」，「板前経験もある自分が料理店業界にエコステージを普及させていきたい」と考え，専務が店長を務める丸ビル店がエコステージ1に取り組むこととなった．

## （2）エコステージ取り組みにあたっての準備

①　日本料理店は，朝は仕込み，お昼のピーク，夕方は夜の部の準備と忙しい．そのため，通常1日コースでやる導入研修を3日間に分けて行った．

②　板前さんやフロアスタッフに環境問題を理解してもらうため，身近な事例から環境改善のために，a）個人でできること，b）お店でできること，c）お客様にできること，に分けて考えてもらい，個人レベルに落とし込んだ．

## （3）エコステージ宣言内容と特徴

1）板前さんチーム

① 入居先である丸ビルの要求事項を守る：生ゴミの再利用，廃油の再生，ゴミの下水流出の防止．

② 食材の有効活用：魚のあらや野菜の皮，軸などを料理や賄いに利用．仕入れの段階でムダをなくす．すべて食べられる料理の工夫．

2）接遇スタッフチーム

① お客様にすべて食べてもらえるような提案：注文されたメニューが残らないよう，足りなくならないようにアドバイス．女性には少なめのご飯，大きな男性には大盛りのご飯を提案．

② その他：毎月のメニュー紙の再利用や，素材を水でさらす以外，水の出しっ放しを止める．

## （4）エコステージ活動の感想

1）専務の感想

環境問題に取り組むことが社員教育につながる．きちんとしたサービスができるようにしたい．また接待時など，食べきれないほどの料理を並べてムダにすることがあり，板前さんの気持ちを考えるとつらい．われわれがエコステージ宣言をすることで，お客様には食べきれるだけを食べて帰ってもらえればと思う．

2）板長さんの感想

お店はどこでも，売上に対する材料費の率が決まっている．季節のよいものを出そうと思えば，ほかをムダにしないように使う．野菜の材料くずはもちろん，ラップや輪ゴムに至るまで大事に使っている．このような板前の世界の文化を，エコステージの展開により，若いメンバーに伝えていきたい．

## （5）エコステージ評価員のコメント

初回評価はこれからだが，紙・ゴミ・電気への取り組みではなく，お客様に

喜んでもらえるメニューづくり，お店にしたいという意気込みが伝わってくる．エコステージは何も唐突なことではなく，今まで料理店の世界であたり前に受け継がれてきたことを，仕組みとしてチェック項目に落とし込み，社員教育を行っていく．その結果が他店との差別化につながり，本来の目的である，「よいお店」，「儲かるお店」に育っていくに違いない．

## 2．毎日興業　―本社を起点にグループへの拡大を目指す―

■会社概要
- 企業名：毎日興業株式会社
- 所在地：本社　埼玉県さいたま市大宮区浅間町2－244－1
- 業　種：ビルメンテナンス業
- 売上高：3,651百万円
- 従業員：32名

### （1）エコステージ導入の背景と目的

　毎日興業グループは，さいたま市エリアを中心に，ビル管理業務を多数の顧客から受託している．今回その中で本社機能を持つ毎日興業がエコステージ1を取得した．

　価格勝負になりやすい業態であるため，勝ち残るにはコストダウンだけでなく，付加価値をお客様に認めてもらう必要がある．トップはその価値創出のため，環境経営に取り組むことを考えた．しかし，環境問題は具体的な目標がないと意識面だけの活動になってしまう．

　また顧客に認められるには，会社のルーティン業務に根づかせるシステムが必要である．それら目標管理やマネジメントシステムをわかりやすい形で導入するには，エコステージが適していると判断した．

### （2）エコステージ宣言内容と特徴

① 組織管理：環境マネジメント委員会が横断的に機能している．
② 方針管理：環境改善管理活動計画が具体的である．
③ 法規制：特定し遵守している．
④ 教育／内部コミュニケーション：活動状況が周知されている．
⑤ 監視・測定管理：責任者を決め実施している．
⑥ 経営層による見直し：改善を視野に適切に実施している．

## (3) エコステージ導入の効果

1) 省資源：紙の効率的使用 前年比8％低減

裏紙専用BOXを設け，捨てられたり埋もれたりしていた紙が表に出て集約されるようになった．裏紙の在庫は常に600枚前後があったが，現在は数十枚程度で，意識的利用により効果があがっている．

2) 廃棄物：リサイクル率40％

フロアー別に分別BOXを設置し，毎日ゴミの搬出当番がチェックするので，捨てる側とチェックする側の両方を経験して意識が高まり，目標値をクリアできている．

3) ガソリン：燃料効率10％アップ

実施している4項目（エアコンオフなど）のチェックシートが予想以上に効果をあげている．副産物として，お客様へのアポに対しても早め早めに行くようになった．継続して目標値をクリアしている．

中小企業は短時間にエネルギーを集中するのが上手な反面，継続がむずかしい．エコステージの課題は定着化であるとトップは認識していた．そこで男女共同参画の環境マネジメント委員6名を任命し，活動の主力にした．初期の段階は1つ1ついわないと，社員はなかなか動かなかった．しかしトップは性急な口出しを避け，あくまでも各委員からいわせることを続けた．時間はかかったが，その結果，各委員が社員から頼られるようになり，委員会を中心に活動の輪が定着した．

## (4) エコステージ評価員のコメント

経営者による見直しで計画の前倒しが指示されるなど，着実に実効性を追求している．今後はエコステージのベンチマーキングを利用してレベルアップを図るとともに，清掃，施設管理などを担当する子会社への拡大を計画している．各社への展開は，本社で導入時に経験を積んだ環境マネジメント委員が支援する予定であり，グループ全体で環境改善効果をあげていくことが期待される．

# 3．渡辺製作所　─「全員参加」で地域環境を守る─

■会社概要
- 企業名：株式会社渡辺製作所
- 所在地：茨城県古河市坂間四ツ塚198－48
- 業　種：自動車部品製造業（エンジン部品のプレス加工）
- 売上高：300百万円
- 従業員：29名

## （1）エコステージ導入の背景と目的

渡辺製作所は，大手自動車部品メーカーが主要取引先である．取引先メーカーからのエコステージ認証取得要請に加え，これからの企業は品質面だけでは勝ち残っていけないと判断し，まずは比較的取り組みやすいエコステージ1からチャレンジした．

## （2）エコステージ宣言内容と特徴

① 組織管理：「環境管理に関する役割分担表」を作成し，各人の責任と権限の範囲を明確にし，風通しのよい組織をつくっている．内部監査員も3名養成し，機動的な組織となっている．

② 方針管理：環境方針をふまえ，社員個々に環境宣言を作成している．スクラップ廃棄物の削減などに取り組み，効果をあげている．

③ 法規制：騒音規制法，浄化槽法などを特定し，定期的に評価し，遵守している．

④ 教育／内部コミュニケーション：教育訓練の計画を作成し，実行している．教育終了後に受講者に対してヒアリングを行い，効果があがるまで根気強く繰り返し教育を実施している．

⑤ 監視・測定管理：日常の環境保全状況のチェックも含め，責任者を決めて適切に実施している．

⑥ 経営層による見直し：毎年1回，環境方針などの変更の必要性の有無を含め，社長が適切に見直しを実施している．

## (3) エコステージ導入の効果

1) 廃棄不良品の低減

廃棄不良品を減らすことが，品質面・環境面さらには財政面からみても，もっとも重要な課題であると考えた．目標数値は前年比5％削減である．デジタルカメラを有効に活用して作成した，わかりやすい「作業要領書」や「検査要領書」が大いに役立っている．

2) 省エネルギーの推進

電力の使用量を前年比2％削減することが目標である．集合スイッチを分岐スイッチに変更するとともに，蛍光灯照明約30カ所に「不要時消灯」のプレートを取りつけることで，社員の意識が向上し，順調に効果があがっている．

3) スクラップ置き場の改善

大雨時にスクラップに含まれる油分がサイト外へ流出する恐れがあったが，スクラップのベタ置きを止め，屋根を取りつけるとともに「作業要領書」を作成し，管理の状況を「チェック表」で確認することで，有効な手立てとなっている．

## (4) エコステージ評価員のコメント

社員一人ひとりが「私の環境宣言」を作成し，地に足がついた活動を行っている．全員参加型の動態的な組織となっているのが特徴である．また，地域環境を守るために必要な汚染の予防に対する適切な処置を実行に移すとともに，廃材を使った「ちり取り」をつくって地域のみなさんに配るなど，アイデアにも富んでおり，地域環境の保護に一役買っている．環境面のみならず，会社にとって何に手をつけることが品質面，さらには経営に資するのか，よく考えられており，今後の発展が大いに期待できる企業である．

## 4. 木曾興業　―環境配慮製品を拡販する木曾興業の事例―

■会社概要
- 企業名：木曾興業株式会社
- 所在地：愛知県名古屋市中区栄1－7－23
- 業　種：化学工業薬品，土木建材資材などの販売
- 売上高：7,200百万円
- 従業員：36名

### (1) エコステージ導入の背景と目的

　木曾興業に対して，主要顧客が環境マネジメントシステム導入の要請をしていた．また，経営者は今後の事業展開において，環境関連の事業は拡大すると予測していた．そして，エコステージが環境配慮製品の拡販を実行するための道具として有効であると判断し，導入を決意した．

### (2) エコステージ宣言内容と特徴

① 組織管理：役割を明確にしている．
② 環境側面管理：プラス環境側面を特定している．
③ 方針管理：環境関連商品の開発と販売をテーマにしている．
④ 法規制管理：該当する法令を適切に特定している．
⑤ 教育／内部コミュニケーション：エコ推進委員会が充実している．
⑥ マネジメント文書：組織に合った環境マニュアルを作成している．
⑦ 文書・記録管理：適切に管理している．
⑧ 外部コミュニケーション：環境関連の情報を確実に収集している．
⑨ 運用管理：各運用文書が作成され，見直しされている．
⑩ 監視・測定管理：適切に監視活動を実行している．
⑪ 緊急時管理：各運用文書が作成され，見直しされている．
⑫ 是正処置：適切に是正処置を実行している．

⑬　予防処置：商品からの化学物質の漏洩に配慮している．
⑭　内部監査：継続的改善の要となるため，今後力を入れたい．
⑮　経営層による見直し：経営者が適切に見直しを実行している．

## （3）エコステージ導入の効果─環境目標と実績─

①　省エネの推進：電気使用量の低減　前年比1％低減達成
　　―不用照明の消灯，温度管理を徹底している．
②　省資源の推進：コピー紙使用量の低減　前年比5％低減達成
　　―コピー紙の裏面の利用を実行している．
③　廃棄物の削減：分別の徹底　前年比5％低減達成
　　―廃棄物の分別を徹底する．
④　環境関連商品の開発，販売：提案件数20件，契約件数10件達成
　　―リサイクル品，脱フロン溶剤，容器の廃棄減少，塩素系溶剤の代替化，ホルマリン対策商品などのテーマで商品を選定し，提案から契約の進捗を管理することによって効果をあげている．

## （4）エコステージ評価員のコメント

　木曾興業は商社であり，各サイトは事務活動が主体である．いわゆる紙，ゴミ，電気の活動による効果は経費の節減にとどまる．それよりも，プラスの環境側面として「環境関連商品の開発及び販売」のテーマに取り組むことは，売上の増加と環境への貢献が実行でき，環境経営そのものである．経営者のねらいもそこにあり，エコステージを活用することによって，環境経営を推進し，効果をあげている．

　また，環境マニュアルなどの文書は，組織の規模・業種に合わせてシンプルに構成している．特に環境マニュアルは，帳票を組み込んで，使い勝手がよいものになっている．さらに，ステージ1からステージ2に取り組むなど，意欲溢れる組織である．

# 5．オクソン ―愛知万博後に向けた勝ち組戦略の第一歩に―

■会社概要
- 企業名：株式会社オクソン
- 所在地：愛知県名古屋市中村区草薙町3－80
- 業　種：建設系サービス業
- 売上高：250百万円
- 従業員：10名

## （1）エコステージ導入の背景と目的

エコステージをきっかけとして，社長が目指す経営理念と直結した管理システムを構築することで，会社を組織体として強化することを目的としている．同時に，個人の意識改革と作業面におけるレベルアップも目指している．

2004年現在，中部地区には愛知万博，及び中部国際空港建設といった大規模プロジェクトがあるが，5年先，10年先を見越して，同業他社にはない強みを身につけていくことを視野に入れている．オクソンでは，愛知万博後にも生き残れる勝ち組戦略の第一歩として，エコステージ1の導入を決意した．

## （2）エコステージ取り組み項目と内容

① 組織管理：社内で社長や現場リーダー格を中心に，エコチームを組成している．
② 方針管理：環境方針のキーワードは教育，改善，協力．社長のトップダウンがよく実行されている．
③ 法規制管理：特定し遵守している．
④ 教育／内部コミュニケーション：協力会社を含む社員一人ひとりの教育，またテスト形式を有効活用した作業手順の教育を行い，コミュニケーションに活用している．
⑤ 監視・測定管理：エコチームのメンバーが，エコミーティングの内容を

各現場に浸透させている．
⑥ 経営層による見直し：社長自らエコミーティングに出席し，エコチームメンバーの活動に対して，社員に活動内容のフィードバックを毎回実施している(後述「(4)社長のコメント」を参照)．
⑦ 運用管理(エコステージ1オプション)：教育用に考案されたテストを活用し，作業手順書の作成に着手している．

## (3) エコステージ導入の効果
例として，環境目的，具体策及び維持改善システムについて概要を示す．
1) 環境目的
協力会社を含む社員一人ひとりにいきわたる環境教育の確立と維持改善．
2) 具体策
① エコチームのメンバーを対象に理解度調査の意味も含めてテストを行う．
② 教育結果は月ごとに実施報告書にて記録を残し，作業手順書のネタに使う．
③ テスト問題の解説文を教育資料とし，現場及び事務所にて間違えた箇所を集中的に教育する．
3) 維持改善システム
① ゴミ処理教育，基本作業教育文書の作成，複数回にわたりテストを実施する．
② エコチームを組成し，テスト結果と社員からの提案内容をもとに手順書を作成する．
③ エコチームメンバーを中心に各現場にて巡回チェックを実施する．現場にて作業員へ直接指導後，月次で記録報告．エコチームで改善につなげる．

## (4) 社長のコメント(「エコミーティング議事録」より抜粋)
エコステージ認証取得は現在の中部地区の大型工事が一段落し，受注が激減

すると思われる平成17年度以降を見据えています．一連の活動が当社の強みとなり，それがみなさんの仕事を維持し，生活をより豊かにしていくという考えのもとに，本活動を推し進めています（「第1回エコミーティング議事録」）．

　今月のエコミーティングは，週1回開催ということで，みなさんには多大な負担をおかけし，申し訳ありませんでした．これで当社の作業改善に関して一通り検討を終えることができました．ありがとうございました．今までの活動に沿って書類整備が進んでいくことと思いますが，みなさんにはエコステージのスケジュールを厳守し，日々のサイクルに取り入れ実行していくことに力を注いでいただきたいと思います．エコステージの内容は，行動に重きを置き，Plan（計画），Do（実行），Check（監視），Act（改善・見直し）という行動の4元素を繰り返すことです．これは会社が実行することはもちろん，各個人の行動原理としても取り入れて取り組んで欲しいと思います．その努力が明日の会社をつくり，未来の展望へとつながります（「第6回エコミーティング議事録」）．

## （5）エコステージ評価員のコメント（「エコステージ報告書」より抜粋）

　エコチームの組成，エコミーティングの開催，また環境テスト・環境改善提案などを短期間のうちに実践できたことは，社長のリーダーシップ，及び社員一人ひとりの高い意識レベルの裏返しであり，たいへん評価できます．今後は，意識レベルを高く維持しつつ，実践後の記録などをフィードバックし，双方向のコミュニケーションツールとして活用し，現場作業員の一人ひとりまで浸透できるような体制づくりが重要です．

　また，将来的には，中長期的な会社の展望とマネジメントシステムを整合させるなどして，計画的に業務を実行し，実績を進捗管理してください．そのうえで，次の計画に反映させていく体制にシフトしていくことが望ましいです．余裕があれば，緊急事態に向けた訓練を含む体制づくりもご検討ください．

## 6. 萩原町 —子どもの環境教育が地域コミュニティーの向上に—

■組織概要
- 組織名：萩原町（合併により2004年3月1日より下呂市）
- 所在地：岐阜県下呂市萩原町萩原1856
- 業　種：行政
- 売上高：—
- 職員：約120名

## (1) エコステージ導入の背景と目的

　萩原町では，2001年に健康・環境行動元年と称して，ISO14001を認証取得した．以降，約3年間にわたりISO14001とエコステージ1の双方を維持していたが，町村合併を目前に控えた2003年12月，エコステージ1のみに切り替えた．

　エコステージを導入した第1の理由は，合併のために翌年度以降の組織体制が不明確な中で，決して安価ではない審査登録料を誰がどのように支払っていくかについて問題があったためである．第2の理由は，すでにISO14001を認証取得しているために，環境マネジメントシステムが全職員に浸透し，エコステージ1の導入はたいへんスムーズにいくことが予測されたからである．

　そもそも，エコステージは自己宣言と外部評価制度を活用した環境経営システムである．萩原町ではエコステージを導入することで，環境経営システムの中身と効果について重要視していくことを目的としている．

## (2) エコステージ取り組み項目と内容

① 組織管理：各課から代表の担当者を決定し，推進委員としている．町長，助役，課長，推進委員の役割分担がはっきりしている．

② 方針管理：全庁共通の方針を各課独自のプログラムに落とし込んでいる．

③ 法規制管理：官報で特定し，遵守している．
④ 教育／内部コミュニケーション：全庁にて全体教育，課内教育に関する年間教育計画を立案している．
⑤ マネジメント文書(オプション)：推進委員用のマニュアルはＡ４で５ページに要点をまとめる．全職員には，手のひらサイズの「緑のしおり」を配布し，環境行動の普及促進をねらいとしている．
⑥ 監視・測定管理：毎月10日に推進委員が他課を巡回し，エコチェックする．コミュニケーションの場にもなっている．
⑦ 経営層の見直し：町長の見直しが適切に行われている．
⑧ 内部監査(オプション)：教育委員会の協力のもとで総合的な学習の時間を利用し，児童がエコチェック隊を組織，庁舎内をエコ監査する．毎年11月にはプログラムの進捗確認を含め，職員による内部監査を実施している．

## (3) エコステージ導入の効果(2003年度保育課の環境目的，目標と達成度)

1) 環境目的：環境教育の実施
2) 環境目標：年２回実施
3) 具体策(時系列)
    ① 園長会で実施内容，担当者などの打ち合せ．
    ② 環境を題材にした劇の上演．
    ③ 各園で上演に合わせたリサイクル物品などの準備．
    ④ 各園実施事項を比較し，改善点の拾い出しについて園長会ですり合わせ．
    ⑤ 園長会で来年度の実施事項について検討．
4) 達成度
    ① 具体策について計画どおり実践した(**写真１～５**の宮田保育園を参照)．
    ② 保育園の環境を題材にしたお遊戯会を開催したことが，地元の新聞に掲載されるなどして話題になり，地域の高齢者が保育園にお遊戯会をみにくるようになった．

写真1　宮田保育園 環境劇(その1) 　　写真2　宮田保育園 環境劇(その2)

写真3　玩具づくり用の古紙 　　　　　写真4　手づくりゴミ箱

写真5　園児による環境お遊戯会

③ 保育園の環境教育・学習がきっかけとなり，家庭では子どもを通じて親が子どもから環境について学ぶ機会が増えた．
④ 保育園をコアとした新たなコミュニティーが形成された．高齢者に対する環境教育・学習はむずかしいとされているが，萩原町では世代を超えて地域全体が環境モードに移行している．

## （4） エコステージ評価員のコメント（「2003年度エコステージ報告書」より抜粋）

　合併直前の中で，経営管理課を中心にISOからエコステージ1への切り替えをし，環境取り組みを継続した努力が認められます．また，小学生のエコチェック隊によるエコ監査や保育園のお遊戯会など，子供たちの環境教育という面では，ほかの見本となる先進的な取り組みを行っています．

　ただ，エコステージの核となる環境活動プログラムの定期的な進捗確認が徹底されていません．また，課長会は，各課の縦の役割を町全体の役割として調整する大事な組織ですが，会議で環境プログラムの達成度を把握し，各課の職員にフィードバックすることなどのコミュニケーションができていませんでした．計画の達成度を評価し，課長会で調整するなど，水平展開を実施したうえで次の活動内容につなげることが必要です．

　これらは，行政評価システムに通じ，今後の行政経営には必須の考え方です．合併を控えて業務多忙な時期となりますが，萩原町の自然，萩原町の環境教育は高く評価されています．萩原町の職員として，引き続き環境活動に積極的に取り組まれていくことを期待します．

## 7. NTN ―環境サプライチェーンの構築に向けた取り組み―

■会社概要
- 企業名：NTN株式会社
- 所在地：大阪市西区京町堀1-3-17
- 業　種：軸受，等速ジョイント，精密機器商品などの製造及び販売
- 売上高：2,463億円（連結：3,427億円）
- 従業員：6,429人（連結：11,810人）

### (1) エコステージ導入の背景と目的

　NTNは，環境活動の社会的責任を果たすべく取引先も含めた環境管理体制を展開し，互いの協力のもとで原価低減や体質強化策を図ることを目的として，ISO14001とともにエコステージ1の認証取得を呼びかけている．

　特に，取引金額の小さい取引先，従業員数の少ない取引先，NTN向け製品のシェアの小さい取引先に対して，エコステージ1の認証取得を呼びかけている．これまでに取引先向けの説明会を開催し，エコステージ制度の解説，エコステージ1に対応するための取り組み概要の説明をすることで，エコステージに取り組みやすい環境づくりをしてきた．

　また，「支援・指導ができる」というエコステージ1の特徴を最大限に活かすために，NTNは100％子会社であるNTNテクニカルサービス（NTS）をエコステージ評価機関として登録し，取引先の環境経営システム構築・運用支援にも力を入れている．

　関西地区のエコステージ協会が制度面と技術面からサポートし，評価員の養成，指導員の派遣，アドバイスを行っている．これらの活動が，関西におけるエコステージ普及のパイオニアとなることを期待している．

### (2) 取引先への支援活動

　NTNテクニカルサービス（NTS）では，エコステージ支援・評価を取引先

（評価対象組織）とNTNに対する「付加価値の提供」と捉え，取引先の利益とNTNの利益を両立させることをポリシーとしている．そのポリシーを実現するために，評価員養成・研修を通じた評価担当者の力量向上，独自の環境経営ツールの開発と取引先への提供，NTNの持つ技術やノウハウを利用しての支援活動などを本格化させつつある．

支援を主眼とした事前訪問段階では，「法規制等要求事項への対応支援」と「環境パフォーマンスと経営メリットを創出する環境改善提案」とを重視し，"現場に密着して一緒に考える"支援を指向している．

また，環境経営システムを構築・運用を容易に進められるよう，独自の経営ツールを順次開発し（表6.1），支援サービスの一環として取引先に提供している．

表6.1 NTN独自の環境経営ツール

| ツール名 | 概　要 |
| --- | --- |
| エコステージ1要求事項及び，その取り組み方法 | エコステージ1要求事項解説と，具体的取り組みを誘導するチェックシート |
| 環境行動計画書 | 環境影響概要の調査記録と，具体的取り組みを誘導する計画書 |
| 法令・その他の要求事項評価一覧表 | 環境法令，その他要求事項について，適用有無の判断，遵守評価，課題列挙をする一覧表 |

さらに，NTN取引先である被評価組織からの意見を集約してNTN環境管理部にフィードバックすることで，NTNと取引先の共同検討テーマを探し出すことも進めている．

NTSによる支援・評価が実績として積み上げられていくのはこれからであるが，間違いなくNTN・取引先の双方によい効果をもたらすであろう．

## 8．アピネス　―パート社員を活用した環境品質の実現―

■会社概要
- 企業名：有限会社アピネス
- 所在地：本社　静岡県湖西市梅田390
  　　　　豊川工場　愛知県豊川市東名町138
  　　　　豊橋工場　愛知県豊橋市神野新田町字口ノ割76－2
- 業　種：自動車部品製造業
- 売上高：590百万円
- 従業員：129名

## （1）エコステージ導入の背景と目的

　大手自動車部品メーカーの子会社であるアピネスは，親会社の製造ライン工程の一部を請け負う事業形態である．主力が女性パート社員であることや，作業がモーター組みつけなどで，環境への影響が少ないことから，費用が安価で，取り組みやすいエコステージ1を導入した．

　アピネスは管理スタッフが少人数であるが，親会社は品質，環境の管理において高いレベルを要求している．そこで，管理するツールとしてエコステージが最適であると判断し導入した．

## （2）エコステージ宣言内容と特徴

① 組織管理：役割を明確にし，周知されている．
② 方針管理：加工不良の低減に取り組み，効果をあげている．
③ 法規制：特定し遵守している．
④ 教育／内部コミュニケーション：教育ツールを工夫している．
⑤ 監視・測定管理：責任者を決め，実施している．
⑥ 経営層による見直し：社長が適切に見直しを実施している．

## （3）エコステージ導入の効果（環境目標と実績）

1）廃棄物の低減：不燃物量の低減　前年比20％低減達成
　　　　　　　　　加工不良の低減　前年比5％低減達成

　廃棄物の低減においては，ゴミの分別を徹底的に管理し，リサイクルできる物は親会社（すでにゼロ・エミッションを達成している）の協力を得てリサイクル化し，廃棄物の処理費用を低減している．また，加工不良の低減においては，親会社の指導とQCサークルの活性化によって効果をあげている．

2）省エネの推進：電気使用量の低減　前年比3％低減達成

　不要な照明は必ず消灯し，空調機の温度設定についても徹底した管理を実行している．また，照明の必要性の見直し，センサーの利用などの提案活動によって効果をあげている．

3）環境教育の実施：2カ月に1回実施達成

　日系ブラジル人社員のために，ポルトガル語の表示を行っている．また，デジタルカメラを使ったビジュアルな教育ツール（廃棄物の分別を明確にしたもの）を用意して効果をあげている．

## （4）エコステージ評価員のコメント

　多数を占める女性パート社員のエコステージへの参画により，組織が活性化している．特にアピネスはQC活動が活発で，エコステージの実行手段として有効に機能している．また，管理スタッフは，環境保全活動にとどまらず，品質や労働安全衛生の項目についてもエコステージの管理項目に含め，効果的な工場管理を行っている．

　そして，毎年実施される定期評価の結果は，現在のレベルの把握と，今後の継続的改善の動機づけとし，今後の発展が期待できる組織である．

# 第7章

## エコステージの今後の方向性

エコステージの普及を目的として，2003年11月に有限責任中間法人エコステージ協会が設立され，全国的な展開が図られつつあることは第1章で触れたが，ねらいどおりに多くの中小企業の役に立つようになるまでには，絶え間ない努力が求められる．

第7章では，エコステージの今後の動向と課題として，まずエコステージの制度的進化の課題と動向を考え，最後にエコステージの普及の動向に触れたい．

## 7.1　エコステージの制度的進化

ISOやJISなどで標準化された規格の最大の課題は，5年ごとに見直すことが規定されていても，実際にはその見直しや改定に10年ぐらいは掛かってしまうことで，時代の変化や要請に柔軟に対応することがたいへんむずかしい．また，環境ISOは，国際的に共通の制度であるから，審査登録機関の認定基準を始め，使用される多くの基準が国際的な総意で合意される必要があり，多くの専門家による多大なエネルギーが傾注されている．

エコステージについても，その仕組みを円滑にかつ高い信頼度を確保して運営していくには，以下のような点について，制度として絶えず進化させていかなければならない．

① コンサルティングと評価の質をいかに高め，向上させていくか．
② コンサルティングのできる評価員を動員する評価機関の経営的な質の確保をいかに行うか．
③ 規約・基準類の整備とその柔軟な改訂作業を絶えず続けていくこと．
④ 有限責任中間法人エコステージ協会の組織基盤の整備．
⑤ 形だけでなく，経営力の向上に役立つ制度にしていくために，減点主義的な評価ばかりでなく，加点主義的な評価が組み込まれるような仕組みの整備．

第1に重要なことは，エコステージの順調な発展を支えるのは評価員の質で

あることを認識して，コンサルティングと評価の質を向上させるために絶え間ない努力を行うことである．評価員自らが，1回1回のコンサルティングや評価の体験を活かすとともに，コンサルティング能力の向上に継続的に努めることが求められる．加えて，評価機関を始めとする関係機関がさまざまな研修の機会を用意して，評価員の相互啓発が進められる場をつくる必要もあろう．

次に，制度運用のための規約・基準の更新・策定，斬新なアイデアによる活動が求められる．幸いにエコステージは，多くのNPOや環境マネジメントに関心の高い人々が全国的に集結している．特定のグループの閉ざされた活動ではなく，きわめてオープンな仕組みを指向しているエコステージが，社会的にも大きな貢献となって，社会に広く受け入れられていくことを念じているが，協会の運営・経理システムなどについて，確実な基盤を築くことが求められる．

最後に，加点主義の組み込まれた仕組み，例えば，評価において対象組織の優れた点を見出したときや，レベル評価において高得点を維持している場合には，定期評価や更新評価の期間を長くしたり，免除するなど，加点方式で一定の得点に達した組織に対しては何らかの特典を与えるような工夫が望まれる．

## 7.2 エコステージの普及

現在，環境ISOの制度の発展経緯をみても，認定機関・審査登録機関・審査員研修機関・審査員評価登録機関の設立とそれらの機関に要求される基準の作成，国際的な相互承認のための活動，そして，1万4000件を超える組織による環境マネジメントシステムの構築，審査登録機関による審査（3年度ごとの更新審査や毎年の定期（サーベイランス）審査），その審査にかかわる主任審査員・審査員・審査員補（総数で1万人近い）などの活動が関係している．

エコステージを推進している関係者は，数年の内に，エコステージ1，2を中心に，かなりの件数に達すると予想している．その相当の組織は環境ISOにも挑戦し，さらに中小企業の環境経営への取り組みを広げられると計画してい

る．2004年3月時点においても，10を超える大企業が，そのグリーン調達条件にエコステージ1を組み込むようになり，さらに多くの企業がその組み込みを検討している．

　2004年は，エコステージ発展のスタートの年ともいえるが，他方で，制度として発展するためには，ほかの関連する制度との関係を良好にしていくことも必要である．特に，環境ISOとは相補的な立場で，ともに発展するような仕組みとなることを期待している．エコステージ協会としては，ISOへの移行も推奨しており，エコステージ2以上に到達した組織は希望すれば比較的容易に環境ISOの認証を取得できるようにコンサルティングツールを整備している．
　1.4節と1.5節で述べたように，国際的にみてもグローバル標準のISO14001は重要であり，環境ISOを混乱させるようなことがあっては好ましくない．そのような原則を持って，類似の目的をほかの制度，例えば「京のアジェンダ21フォーラム」によるKESなど，いろいろな地域での制度，あるいは環境省によるエコアクション21などとも協調していく必要があろう．

# 第8章

エコステージ Q&A

**Q1** エコステージとISO14001の違いは？

**A1** エコステージとISO14001の違いは，表8.1のとおりです．

　ISO14001はISO（国際標準化機構）によって発行されたものです．物を自由に流通させるための「貿易障壁の除去」を目的に，「規格の世界的統一」に向けて1995年にWTO／TBT協定が締結され，それに付随してISO9001，ISO14001は発行されています．日本ではJAB（㈶日本適合性認定協会）がISOに関連する業務を掌握しています．エコステージとISO14001はどちらも環境経営に関するシステムですが，エコステージとISO14001のどちらを取得するかは，組織の方針，ステークホルダーや取引先などによってメリットが異なってきます．エコステージは，コンサルティングを通じてISOをバックアップするシステムであり，国際的な取引がある企業やエコステージ3以上の組織には，ISOの取得を推奨します．

表8.1　エコステージとISO14001の違い

| 項　目 | エコステージ | ISO14001 |
|---|---|---|
| 制度 | エコステージ評価機関による評価・支援，及び第三者評価委員会（NPO，学識経験者など）による評価 | 審査登録機関及び認定機関（JABなど）による国際的に認められた審査登録制度 |
| コンサルティング | 支援と評価を通じて改善の方向性を示す | コンサルティング機関と審査登録機関の明確な分離 |
| 評価方法 | 適合性の確認＋パフォーマンス評価（点数化） | システム適合性・有効性の確認 |
| 評価項目 | 取組み項目の選択（最低基準あり）自己の積み上げ方式 | 規定された17項目の要求事項 |
| ステージ | レベルに合わせた5つのステージ | 審査登録（ステージはなし） |
| 第三者意見 | 第三者評価委員会が評価先に対して第三者意見書を発行 | なし |

**Q2** エコステージを導入するメリットは？

**A2** エコステージ導入をきっかけとして，経営システムを確立し，継続的に効率よく運用することで経営力アップを図ることができます．

組織のグリーン調達とアカウンタビリティ(説明責任)を推進するため，自己宣言と外部評価制度を活用し，取引先を含めた環境経営を支援します．形式よりも中身と効果に重点を置いたコンサルティングを通じ，ステップ・バイ・ステップで「システム」と「パフォーマンス」の継続的改善を支援します．

**Q3** エコステージの導入費用は？

**A3** エコステージ1，2のモデル料金を，表8.2に示します．従業員(組織成員)数，サイト数，業種によって異なります．

エコステージ3，4，5の料金は，エコステージ評価機関による個別の対応になります．そのほか，評価対象組織のシステム構築や運用の状況により追加費用がかかる場合があります．

表8.2　エコステージ1，2のモデル料金表(税別)

| ステップ<br>人数 | 現地事前調査<br>＋研修 | 実地評価 | 定期評価<br>(1，2年後) | 更新評価<br>(3年後) |
|---|---|---|---|---|
| 0〜30<br>(人×日) | 20万円<br>(1×1) | 20万円<br>(1×1) | 20万円<br>(1×1) | 20万円<br>(1×1) |
| 30〜100<br>(人×日) | 20万円<br>(1×1) | 40万円<br>(2×1) | 20万円<br>(1×1) | 40万円<br>(2×1) |
| 100〜300<br>(人×日) | 20万円<br>(1×1) | 60万円<br>(3×1) | 30万円<br>(1×1.5) | 60万円<br>(3×1) |
| 300〜<br>(人×日) | 20万円<br>(1×1) | 80万円<br>(2×2) | 40万円<br>(2×1) | 80万円<br>(2×2) |

**Q4** エコステージはどういう業種で取得されているのか？　どの業種に向いているのか？

**A4** エコステージ取得件数としてはサービス業，製造業に多く，自治体でも取得しています．エコステージは段階的な取り組みや，業種や組織の特性に合わせることのできるフレキシビリティを備えたシステムであり，どの業種にも向いています．

**Q5** エコステージ認証を申し込むには，まずはどうすればよいか？

**A5** 中間法人エコステージ協会が認定したエコステージ評価機関の中から，ご希望の評価機関を選んでいただき，お問い合わせください．また，エコステージ協会公式ホームページ　http://www.ecostage.org　から，電子メールでも申し込むことができます．

**Q6** エコステージの導入のために，事前に何を準備しておけばよいのか？

**A6** 特別な事前準備の必要はありません．詳細は，担当のエコステージ評価員が現地事前調査・研修の際にお教えします．また，エコステージ協会発行の小冊子『「エコステージ」で始める環境経営評価支援システム活用の手ほどき』(1部500円)にも記載されています．

**Q7** エコステージを取得するまでに，どれくらいの負荷がかかるのか？

**A7** エコステージレベル，規模，組織の現状でのマネジメントの状態などによって異なります．例えば，エコステージ1の場合は，ISOと比較すると特に負荷は小さく，マネジメントシステム専任者などの必要はありません．初回評価まで，つまりシステムが運用されるまでは，多少の負荷がかかります．それ以降は，通常業務の一環としてムダのない取り組みとなります．ただし，拠点が複数存在する組織や組織成員数が100名を超えるような組織では，たとえエコステージ1への取り組みでも，マネジメントシステム専任者の設置をお勧めします．

**Q8** エコステージを取得するまでの期間はどれくらいか？

**A8** お申込み後，3カ月以上（通常は3～6カ月くらいを想定）のシステム運用期間と，評価の後に第三者評価委員会の審査があるため，エコステージ1で最低でも3～6カ月，エコステージ2で10カ月～12カ月程度かかります．

**Q9** エコステージは毎年必ずステップアップしなければならないのか？

**A9** ステップアップは必須ではありません．組織の体力にあわせたレベルを選択できます．

**Q10** エコステージ認証を継続辞退することはできるのか？

**A10** 可能です．組織の都合で継続を辞退する場合は，事前に地区エコステージ協会，または直接，評価機関に連絡してください．また，エコステージ2からISO14001へ移行した場合は，更新評価までの間に，認証取得企業は定期評価が免除され，3年間有効になります。エコステージ3，4，5へのレベルアップを推奨します．

# 資料集

# 1．エコステージ評価基準兼チェックシート

　以下のチェックシートは，エコステージ1～5のすべての基準を一覧表にしたものである．これらは，環境経営システムを導入しようとする組織とともに，エコステージ評価員が評価を実施する際のチェックシートとしても活用することが可能である．

　「構築レベル」，「実行レベル」に記載されている数字は，対応するエコステージレベルを示しており，エコステージを導入しようとする組織は，その導入レベルに従って，これらの基準を満たしたシステムを構築することが求められる．

　組織は，評価基準①から段階的に⑤への採用をすることが望ましく，継続的改善を考慮する場合のマイルストーン（道標）として使用できる．

　数字に「OP」がついているものについては，オプションとなっている．オプションとは，必ずしも要求されている事項ではないが，組織がその経営システム構築において場合によっては有用なものである．構築・実行しなくても評価に影響は与えないが，組織がその有効性を認め，実施した場合には，エコステージ評価の加点対象となる．

　チェックシート内の（　）内の解説は，経営改善や評価の着眼点としてのガイドラインを示す．

# エコステージ評価基準兼チェックシート

| 評価対象組織名 | |
|---|---|
| 評価員氏名 | |
| 評価実施日 | |

| ステージレベル |
|---|
| |

| 番号 | 細目 | 構築レベル | 実行レベル | チェック欄 |
|---|---|---|---|---|
| 4.1 | 一般要求事項 | | | |
| 1 | 組織は経営方針に従い，環境経営システムを適切に構築し，有効に実行しているか | ① | ① | |
| 4.2 | 環境方針 | | | |
| 1 | 最高経営層が承認した組織の環境方針が文書化されているか | ① | | |
| 2 | 環境方針は，今後の業界の状況を踏まえ，経営理念・方針からの展開ができているか | ① | | |
| 3 | 環境方針は，組織の活動，製品またはサービスの性質，規模及び環境影響に対して適切であるか | ① | | |
| 4 | 環境方針は，継続的改善及び汚染の予防に関する約束を含むか | ① | | |
| 5 | 環境方針は，関連する環境の法規制を遵守する約束を含んでいるか | ① | | |
| 6 | 環境方針は，同意するその他の要求事項を遵守する約束を含んでいるか | ① | | |
| 7 | 環境方針は，環境目的及び目標，及び環境管理活動計画を設定し，見直す枠組みを与えているか | ① | | |
| 8 | 環境方針は，文書化され，実行され，維持され，全員に周知されているか | ① | ① | |
| 9 | 環境方針を一般の人が入手可能であるか | ① | ① | |
| 10 | 環境方針のポイントについて構成員が説明できるか(現場) | | ① | |
| 11 | 環境方針と自分の仕事との関連が説明できるか(現場) | | ① | |
| 4.3 | 計画 | | | |
| 4.3.1 | 環境側面［環境管理項目］ | | | |
| 1 | 重点環境管理項目として適切な項目が特定されているか(経営改善に役立つ項目のリスト化) | ① OP | | |

| | | | | |
|---|---|---|---|---|
| 2 | 著しい環境側面［重点環境管理項目］について従業員が理解しているか | | ①OP | |
| 3 | 環境側面［環境管理項目］を調査する手順書があるか | ② | | |
| 4 | 環境側面［環境管理項目］の抽出結果が文書化されているか | ② | | |
| 5 | 環境側面の非定常時や緊急事態についても考慮しているか | ② | | |
| 6 | 著しい環境側面［重点環境管理項目］を特定するための環境影響評価基準があるか | ② | | |
| 7 | 事業活動全般にわたり環境への影響に配慮して環境側面［環境管理項目］を抽出しているか（取引先やユーザーを含めた環境配慮） | ③ | | |
| 8 | 著しい環境側面［重点環境管理項目］の内容が組織全体に理解され，維持されているか | | ② | |
| 9 | 著しい環境側面［重点環境管理項目］の最新版管理が行われているか（事業活動の変化に追従できているか） | | ② | |
| 10 | 各部門ごとに［重点環境管理項目］が適切に管理されているか（例／営業：環境調和商品管理，購買：グリーン調達　管理設計：製品アセスメント管理　物流：包装資材管理） | | ③ | |

### 4.3.2　法的及びその他の要求事項

| | | | | |
|---|---|---|---|---|
| 1 | 事業活動に関連する環境関連法規がリスト化されているか | ① | | |
| 2 | 環境側面［環境管理項目］に適用可能な法的要求事項及びその他の要求事項が特定されているか | ① | | |
| 3 | 変化する法的要求事項などの最新情報を調査しているか | | ① | |
| 4 | 法の施行段階までに法的要求事項などの特定が完了し，自社の体制を整えているか | | ① | |

### 4.3.3　目的及び目標［環境目的及び目標］

| | | | | |
|---|---|---|---|---|
| 1 | 業種・業態に適切な環境目的及び目標が設定されているか（本業の利益貢献，コストダウンにつながっているか） | ① | | |
| 2 | 環境目的及び目標は環境方針と整合しているか（＋αは可） | ① | ① | |
| 3 | 環境目的及び目標の達成度を適度な間隔で評価しているか（4.5.1と共通） | | ① | |
| 4 | 環境目的及び目標を設定，見直しする手順は決められているか | ② | | |

| | | | | |
|---|---|---|---|---|
| 5 | 環境目的及び目標は各部門及び階層で設定されているか（1部門1階層でも可） | ② | | |
| 6 | 各部門独自の環境目的及び目標の設定がされているか（テーマ改善）<br>（例／営業部門：環境調和商品の拡販，購買部門：グリーン調達の推進，設計部門：省エネ製品の開発の推進など） | ③ | | |
| 7 | 環境目的及び目標は業界・業種を考慮し，定量化された環境パフォーマンス指標に基づき適切に設定されているか | ④ | | |
| 8 | 環境目的及び目標は定量化された環境パフォーマンス指標に基づき適切な間隔で達成度管理が行われているか | | ④ | |
| 9 | 環境会計とリンクした環境目的及び目標となっているか | ⑤ | | |
| 10 | 環境目的及び目標を設定，見直しする際に，過去のデータが外部に適切に開示されているか | | ⑤ | |

### 4.3.4 環境マネジメントプログラム［環境管理活動計画］

| | | | | |
|---|---|---|---|---|
| 1 | 環境マネジメントプログラムが策定されているか（経営改善につながるテーマになっているか） | ① | | |
| 2 | 環境マネジメントプログラムの定期的な管理が実施されているか | | ① | |
| 3 | 環境マネジメントプログラムには，組織の関連する各部門及び各階層における責任者が明記され，適切に設定されているか（目標管理とリンク） | ① | | |
| 4 | 環境マネジメントプログラムには，環境目的及び目標を達成するための手段が明記され，適切に設定されているか | ① | | |
| 5 | 環境マネジメントプログラムには，環境目的及び目標を達成するための活動日程が明記され，適切に設定されているか | ① | | |
| 6 | 事業内容や組織または業務が変更された場合は，環境マネジメントプログラムの該当部分を改訂し最新状態となっているか | | ① | |
| 7 | 環境マネジメントプログラムは関係する各部門または各階層へ確実に伝達されているか（変更の場合も含め／現場確認） | | ① | |

## 4.4 実施及び運用［環境管理活動の実施及び運用］

### 4.4.1 体制及び責任

| | | | | |
|---|---|---|---|---|
| 1 | 業務・業態に合った役割，責任及び権限が決まっているか（管理する範囲の適切性や階層・部門ごとの役割区分など） | ① | | |

| | | | | |
|---|---|---|---|---|
| 2 | 定められた役割，責任及び権限は確実に伝達されているか | | ① | |
| 3 | 経営資源には人的資源及び専門的な技能，技術ならびに資金を含め，その活用事例があるか | | ① | |
| 4 | 最高経営層によって環境管理責任者が指名されているか | ① | | |
| 5 | 環境管理責任者には，EMSの構築・実施・維持されていることを確認する役割，責任，権限が与えられているか(実質的な役割を担っている) | | ② | |
| 6 | 環境管理責任者には，EMSの実績(運用状況，効果など)を最高経営層に報告する役割，責任，権限が与えられているか(実質的な役割を担っているか) | | ② | |
| 7 | 全社の課題を解決するための専門組織(マトリックス組織など)が組成されているか(例／ライン組織＋省エネなどのテーマごとの専門組織) | ③ | | |
| 8 | 全社の課題を解決するため組織間の連携がとられているか(関連会社，取引先，部門間などの連携) | | ③ | |
| 9 | 部門内外で改善チームが活動しているか | | ③ | |
| 4.4.2 訓練，自覚及び能力 | | | | |
| 1 | 環境に関する教育・訓練のニーズが特定されているか | ① | | |
| 2 | 環境に関する資格認定(能力)のニーズが特定されているか | ① | | |
| 3 | 上記の環境教育・訓練の手順または計画が策定されているか | ① | | |
| 4 | 環境教育・訓練が手順または計画に従って実施されているか | | ① | |
| 5 | 教育内容はEMS及び環境問題の重要性を自覚させる内容を含んでいるか(動機付けのための工夫) | | ② | |
| 6 | 教育内容は各人の作業改善による環境上の利点と重要性を自覚させる内容を含んでいるか | | ② | |
| 7 | 教育内容は環境管理に関する組織及び各自の責任及び役割分担を自覚させる内容を含んでいるか | | ② | |
| 8 | 教育内容は定められたルールに従わなかった場合に予想される結果の重大性を自覚させる内容を含んでいるか | | ② | |
| 9 | 業種に合ったテーマや各部門ごとにオリジナリティのある環境教育が計画され実行されているか | | ③ | |
| 10 | 内部監査員や専門職などのレベルアップのための専門教育が行われているか | | ③ | |
| 11 | 環境教育の指標設定及び達成度管理が行われているか | ④ OP | ④ OP | |

| 12 | 環境教育の費用対効果が明確か | ⑤OP | ⑤OP | |
|---|---|---|---|---|
| 4.4.3　コミュニケーション ||||||
| 1 | 環境に関連する各種情報を確実に伝達するための組織内部のコミュニケーションが行われているか（改善提案など人々の参画が活発か） | | ① | |
| 2 | 環境コミュニケーションに関する手順があるか | ② | | |
| 3 | コミュニケーションに関する手順は，外部の利害関係者からの情報を受け付け，文書化し，対応する手順が含まれているか | ② | | |
| 4 | 外部の利害関係者からの情報を受け付け，文書化し，対応しているか | ①OP | ①OP | |
| 5 | 著しい環境側面について情報公開を含めたプロセスを検討した記録または情報公開基準があるか | ② | | |
| 6 | 内部・外部からの情報が，環境側面の見直し，目的・目標，リスクマネジメントに活かされているか | | ③ | |
| 7 | 各部門や外部からの環境情報を一元化した情報システムで管理されているか | | ⑤OP | |
| 8 | 社会環境報告書などで，活動が適切に社会に伝達されているか | | ⑤ | |
| 9 | 利害関係者からのネガティブな情報も適切に公開されているか | | ⑤ | |
| 4.4.4　環境経営システム文書 ||||||
| 1 | 環境経営システムの要素と相互関係が明確か．関連文書の引用などで全体のつながりが明確か | ② | | |
| 4.4.5　文書管理［環境関連文書の管理］ ||||||
| 1 | 環境関連文書（帳票など）は適切に保管され，最新版が利用できるか | ①OP | ①OP | |
| 2 | 環境関連文書の配付先または保管場所が明確か | ② | ② | |
| 3 | 環境関連文書が定期的にレビューされているか | ② | ② | |
| 4 | 環境関連文書は，必要に応じて改訂されているか | ② | ② | |
| 5 | 環境関連文書は，所定の責任者によって承認されているか | ② | ② | |
| 6 | 環境関連文書は，関連業務が行われているすべての場所で最新版が利用できるか | ② | ② | |
| 7 | 環境関連文書の廃止文書が，すみやかに撤去または識別されているか | ② | ② | |

| | | | | |
|---|---|---|---|---|
| 8 | 環境関連文書は，読みやすく，日付が（改訂の日付とともに）あって容易に識別できるか | ② | | |
| 9 | 環境関連文書は保管期間が定められているか | ② | | |
| 10 | 環境関連文書の作成及び改訂に関する手順と責任は明確か | ② | | |
| 11 | 環境報告書など外部公開文書管理も適切に行われているか | ⑤ | | |
| 4.4.6 運用管理 | | | | |
| 1 | 著しい環境側面［重点環境管理項目］に関連する運用及び活動について手順が定められ実行しているか | | ① OP | ① OP |
| 2 | 著しい環境側面［重点環境管理項目］に関連して特定された活動は，環境方針，環境目的及び目標から逸脱しないよう文書化されているか | | ② | |
| 3 | 著しい環境側面［重点環境管理項目］に関連して特定された活動の手順書には運用基準が明記されているか | | ② | |
| 4 | 著しい環境側面［重点環境管理項目］に関連して特定された活動は，組織が利用する物品やサービスに適切な内容で文書化されているか | | ② | |
| 5 | 自社の環境活動に関連して，要求事項を供給者及び請負者へ伝達しているか（業務改善や環境経営の導入を促進しているか） | | | ② |
| 6 | 各部門において他のシステムと融合した環境に係る運用基準が定められ，実行されているか<br>（例／営業部門：環境マーケティング基準，購買部門：グリーン調達基準，設計部門：製品アセスメント基準，物流：梱包基準，労働安全：リスクアセスメント基準，施設管理：予防保全基準） | | ③ | ③ |
| 7 | 土壌汚染など環境汚染の可能性を事前に評価する運用基準が定められているか | | | ⑤ OP |
| 8 | 人事考課制度（昇進・昇格・賞与）において評価項目に環境関連の要素を含めた内容となっているか | | | ⑤ OP |
| 9 | 環境情報管理システムが共有データベースを元に管理されているか | | | ⑤ OP |
| 4.4.7 緊急事態への準備及び対応 | | | | |
| 1 | 事故及び緊急事態について特定し，管理しているか（製品事故，労災事故も含むことができる） | | ① OP | ① OP |

| 2 | 事故及び緊急事態について発生の可能性を特定し対応するための手順があるか | ② | | |
|---|---|---|---|---|
| 3 | 事故及び緊急事態発生時にともなうかもしれない環境影響を予防して緩和するための手順があるか | ② | | |
| 4 | 事故及び緊急事態発生後には，必要に応じてこれらの手順を見直し，改訂を実施しているか | | ② | |
| 5 | 実行可能な場合，これらの手順を定期的にテストしているか | | ② | |
| 6 | 労働安全衛生面やビジネスリスクなどのリスク管理と融合したシステムが構築されているか | | ⑤ | |
| 7 | 事故回避のための設備投資が行われている，または予算計画が策定されているか | | ⑤ | |
| 8 | 事故実績の情報公開が行われているか | | ⑤ | |
| 9 | 事故時の関係者への情報伝達手段が規定され管理しているか | ⑤ | ⑤ | |

### 4.5　点検及び是正処置［活動状況の把握と改善］

#### 4.5.1　監視及び測定［環境管理活動状況の把握］

| 1 | 環境目的及び目標の達成状況及び環境マネジメントプログラムの進捗状況を確認するための仕組みがあるか | ① | | |
|---|---|---|---|---|
| 2 | 監査・測定の記録は全般にわたり保持され，管理されているか | | ① | |
| 3 | 関連する環境法規制が管理され遵守状況を定期的に評価しているか | ① | ① | |
| 4 | ［重点環境管理項目］に関連する業務・活動の管理特性を定常的に監視・測定する手順はあるか | ② | | |
| 5 | 監視・測定［環境管理活動状況の把握］に必要な機器は，必要性に応じて校（較）正の基準はあるか | ② | | |
| 6 | 関連する環境法規制の遵守状況を定期的に評価するための手順が文書化されているか | ② | | |
| 7 | 環境目的及び目標，及び著しい環境側面［重点環境管理項目］の運用状況を確認するために，関連する管理特性を日常的に監視・測定しているか | | ② | |
| 8 | 監視機器の校正記録は管理され，トレースできるか | | ② | |

資料集

| | 4.5.2　不適合ならびに是正及び予防処置　[是正及び予防処置] | | | |
|---|---|---|---|---|
| 1 | 不適合の定義は明確であり，是正または予防処置が実施されているか（運用基準からの逸脱，環境マネジメントプログラムの進捗遅れなど） | ① OP | ① OP | |
| 2 | 不適合の原因を除去するために必要となる適切な是正または予防処置に着手して完了する責任，権限及び手順が確立しているか | ② | | |
| 3 | 是正処置または予防処置が実施された場合，歯止め策として手順書の改訂が実施されているか | | ② | |
| 4 | 是正処置は問題の大きさや生じた環境影響に対して適切か | | ② | |
| 5 | 不適合に関する情報が適切に経営層に伝達されているか | | ② | |
| 6 | 予防処置は適切な事例があり，積極的に行われているか（例：リスクアセスメントなど） | | ③ | |
| | 4.5.3　記録　[環境関連記録] | | | |
| 1 | 管理すべき環境関連の記録は特定され，保管されているか | ① OP | ① OP | |
| 2 | これらの記録には，訓練記録，監視・測定及び見直しの結果が含まれているか | ② | | |
| 3 | 環境関連記録の識別，維持（保管期間を含む）及び廃棄のための手順が確立されているか | ② | | |
| 4 | これらの環境関連記録は読みやすく，識別可能か | | ② | |
| 5 | 環境関連記録は，容易に検索でき，かつ，損傷，劣化または紛失を防ぐような方法で保管されているか | | ② | |
| | 4.5.4　内部監査（エコステージ評価で代替可） | | | |
| 1 | 環境監査は定期的に計画，実施されているか | ① OP | ① OP | |
| 2 | 監査員は，適切に訓練されているか<br>監査手順には監査の範囲，頻度，方法，結果報告の責任・権限及びコミュニケーションを含んでいるか | ② | | |
| 3 | 環境監査を実施する計画が作成されているか（例：年間計画→実施計画へと具体化されているか） | | ② | |
| 4 | 環境監査計画は，環境経営システムが要求事項に適合しているかを確認または改善する目的にふさわしいか | ② | ② | |
| 5 | 環境監査計画は，環境経営のために計画された取決めに合致しているかを確認または改善する目的にふさわしいか | ② | ② | |

| | | | | | |
|---|---|---|---|---|---|
| 6 | 環境監査計画は，定められた計画及び手順どおりに実施され，維持されているかを確認または改善する目的にふさわしいか | | ② | ② | |
| 7 | 環境監査の結果は経営層に提供されているか | | | ② | |
| 8 | 環境監査は当該活動の環境上の重要性，及び前回の監査の結果に基づいているか | | | ② | |
| 9 | 監査レベルアップのための仕組み及び施策が実施されているか<br>例／レベルアップ研修，専門家参加，工場間相互監査など | | ③ | ③ | |
| 10 | 環境法規制遵守のための監査が実施されているか | | | ④ | |
| 11 | 環境経営システムの適合性のみでなくパフォーマンス監査も実施されているか | | | ④ | |
| 12 | 環境監査の結果を公開しているか | | | ⑤ | |

### 4.6 経営層による見直し

| | | | | | |
|---|---|---|---|---|---|
| 1 | 最高経営層は，自ら定めた間隔で見直しているか | | ① | ① | |
| 2 | 経営層による見直しの際には目的・目標の達成度及び必要な情報が確実に収集されているか（監査が実施されている場合，経営層への報告は必須） | | ① | ① | |
| 3 | この見直しの結果は，文書化され，実行されたか | | | ① | |
| 4 | 経営層による見直しでは，変化している周囲の状況などに照らして，環境方針，環境目的・目標，その他の変更の必要性に言及しているか（経営改善につながっているか） | | | ① | |
| 5 | 見直しの結果と指示事項は関連する各部門または各階層へ周知されているか | | | ① | |

### 4.7 環境経営システムの継続的改善

#### 4.7.1 システム改善管理（エコステージ3必須）

| | | | | | |
|---|---|---|---|---|---|
| 1 | 経営層の見直しや改善提案により環境経営システムの要素が継続的に改善されている事例があるか | | | ③ | |
| 2 | 環境監査の結果発見された不適合に基づき，環境経営システムが改善された事例があるか | | | ③ | |
| 3 | 改善後の変更箇所は各部門または各階層へ周知されているか | | | ③ | |
| 4 | 改善後の運用状況を監視し，効果の確認が行われているか | | | ③ | |
| 5 | 改善されたシステムの効果の確認結果は経営層による見直しのインプット情報として提供されているか | | | ③ | |

| | 4.7.2 営業・販売管理(オプション) | | | |
|---|---|---|---|---|
| 1 | 営業部門特有の取り組みが設定されているか(環境側面または目的・目標など) | ③ OP | | |
| 2 | 顧客とのコミュニケーション(引き合いや苦情対応など)において環境情報が適切に記録され，活用されているか | | ③ OP | |
| 3 | エコ商品など環境をテーマにした営業活動があるか | | ③ OP | |
| | 4.7.3 企画開発・設計管理(オプション) | | | |
| 1 | 設計特有の環境への取り組みが設定されているか(環境側面または目的・目標など) | ③ OP | | |
| 2 | 企画・設計段階において，ライフサイクルを考慮した実績があるか | | ③ OP | |
| 3 | 製品アセスメントの実施例があるか(DRを活用しても可) | | ③ OP | |
| | 4.7.4 調達・購買管理(オプション) | | | |
| 1 | グリーン調達基準または手順はあるか | ③ OP | | |
| 2 | グリーン調達基準に基づく管理が実施されているか | | ③ OP | |
| 3 | 基準に達しない場合の是正または支援は実施されているか | | ③ OP | |
| | 4.7.5 施設設備管理(オプション) | | | |
| 1 | 施設・設備を導入する場合の環境アセスメント基準などがあるか | ③ OP | | |
| 2 | 施設・設備管理について予防保全に関する基準または改善計画があるか(環境配慮の視点があれば可) | ③ OP | | |
| 3 | 施設・設備の導入時に事前評価が実施されているか | | ③ OP | |
| 4 | 施設・設備管理基準に基づく管理が実施されているか | | ③ OP | |
| | 4.7.6 物流管理(オプション) | | | |
| 1 | 物流管理に関する基準または改善計画があるか(環境配慮の視点があれば可) | ③ OP | | |
| 2 | 上記基準または計画に基づく管理が実施されているか | | ③ OP | |
| 3 | 基準に達しない場合の是正が実施されているか | | ③ OP | |
| 4.8 環境パフォーマンスの管理 | | | | |
| 1 | 環境パフォーマンス指標が設定されているか(目的・目標など) | ④ | | |
| 2 | 環境パフォーマンス指標が，過去の反省及び新たな観点から継続的改善を踏まえた設定になっているか | ④ | | |

| | | | |
|---|---|---|---|
| 3 | 環境マネジメントプログラムなどを活用した環境パフォーマンスの進捗管理が適切かつ有効に行われているか | ④ | |
| 4 | 環境パフォーマンス結果は定期的に評価され，見直しがされているか | ④ | |
| 5 | P-D-C-Aのマネジメントモデルに従った環境パフォーマンス評価が実施されているか | ④ | |
| 6 | MPI(マネジメントパフォーマンス指標)が適切に設定されているか | ④ | |
| 7 | 組織の環境パフォーマンスに関する情報が従業員に適切に伝達されているか | ④ | |
| 8 | 環境パフォーマンス評価に必要なデータ収集及び分析の手順(時期・担当者・情報源など)を規定しているか | ④ | |

### 4.9 環境会計，環境情報開示・アカウンタビリティ

#### 4.9.1 環境会計

| | | | |
|---|---|---|---|
| 1 | 環境会計を実施する手順，責任，役割が文書化されているか(費用や効果の把握，$CO_2$換算でも可) | ⑤ | |
| 2 | 環境会計基準及び結果は公開されているか | ⑤ | |
| 3 | 環境会計を実施する意味などを関係者へ教育しているか | ⑤ | |
| 4 | 環境会計を実施した結果が，環境効率の向上，コスト削減対策などのパフォーマンス改善に寄与しているか | ⑤ | |
| 5 | 利害関係者からの環境会計に対する質問・苦情に対し適切に対応しているか | ⑤ | |
| 6 | 事業エリア内コストが(環境省ガイドラインを参考に)網羅的に把握されているか | ⑤ OP | |
| 7 | 上・下流コストが適切に把握されているか(例／上流：グリーン調達コスト，下流：製品使用時コスト) | ⑤ OP | |
| 8 | 環境関連投資額が把握されているか | ⑤ OP | |
| 9 | 環境保全効果が物量単位で集計されているか | ⑤ OP | |
| 10 | 環境保全効果が貨幣単位で集計されている場合，集計方法に妥当性があるか | ⑤ OP | |
| 11 | 環境保全効果を定性的情報で補足説明しているか | ⑤ OP | |
| 12 | 環境保全効果を表す独自の指標を用いているか | ⑤ OP | |
| 13 | リスク回避による環境コスト節約(罰金，汚染浄化費用節約など)効果を把握しているか | ⑤ OP | |

| | | | | |
|---|---|---|---|---|
| 14 | セグメント環境会計(特定部分に着目した環境会計)を導入し,経営意思決定に活用しているか | | ⑤ OP | |
| 15 | 環境経営システムと環境会計がリンクしているか | ⑤ | | |

### 4.9.2　社会・環境情報開示・アカウンタビリティ

| | | | | |
|---|---|---|---|---|
| 1 | 社会・環境報告書などで定期的に第三者に報告する仕組みがあるか | ⑤ | | |
| 2 | 社会・環境報告書の目次や内容はGRIガイドラインまたはほかのスタンダード(環境省,経済産業省)を考慮しているか | ⑤ | | |
| 3 | 環境情報の開示タイミングは適切か(決算報告とリンク) | | ⑤ | |
| 4 | 社会・環境報告書に対する意見・苦情を受け付け・回答する仕組みがあり,その回答スピードは適切か | ⑤ | ⑤ | |
| 5 | 意見・苦情をもとに毎年開示内容について改善が進んでいるか | | ⑤ | |
| 6 | 社会・環境報告書のみでなく意見・苦情は適切に開示されているか | | ⑤ | |
| 7 | 環境に関する目標達成に向けて最高経営層のコミットメントが明確にされているか | ⑤ | | |
| 8 | 環境に関するビジョンにおいて組織の環境に関する戦略性(重点取り組み項目)が明確にされているか | | ⑤ | |
| 9 | 経済的パフォーマンスと環境パフォーマンスを両立させる際の課題と方策について言及されているか | | ⑤ | |
| 10 | 組織の事業上・環境上の概要及び報告範囲をわかりやすく概説しているか | | ⑤ | |
| 11 | 概要(まとめ)において,図表・経年比較などにより環境活動の全般的成果をわかりやすく報告しているか | | ⑤ | |
| 12 | 主要な利害関係者とのコミュニケーション手段及び得られた情報の活用方法について記載されているか | | ⑤ | |
| 13 | 報告の信憑性・網羅性などについて中立的・独立的な第三者による検証を受けているか(エコステージ5評価で代替可) | | ⑤ OP | |
| 14 | 環境会計情報を公表しているか | | ⑤ | |
| 15 | 環境経営システムの状況(構築状況,体制・組織,従業員教育,環境監査など)について記載されているか | | ⑤ | |
| 16 | 製品・サービスの環境適合設計への取り組みについて記載されているか | | ⑤ | |

| 17 | 環境に関する規制の遵守状況が記載されているか | | ⑤ | |
|---|---|---|---|---|
| 18 | 事業活動の全体的な環境負荷(ライフサイクル全体を踏まえた環境への影響)をわかりやすく示しているか | | ⑤ | |
| 19 | インプットにかかわる環境負荷(物質・エネルギー・水など)の状況及び改善成果が記載されているか | | ⑤ | |
| 20 | アウトプットにかかわる環境負荷(排ガス・排水・廃棄物など)の状況及び改善成果が記載されているか | | ⑤ | |
| 21 | 上流/下流における環境負荷及び対策(グリーン調達の状況,輸送時の環境負荷,製品使用時の環境負荷など)が記載されているか | | ⑤ | |
| 22 | 土壌・地下水汚染の状況及びその対策について記載されているか | | ⑤ | |
| 23 | 環境パフォーマンスと経済(経営)パフォーマンスとの統合評価に関しての記載があるか | | ⑤ | |

### 4.9.3 労働安全衛生(オプション)

| 1 | 労働安全衛生に関する基準または改善計画があるか(人への安全・健康の視点があれば可) | ⑤OP | | |
|---|---|---|---|---|
| 2 | 上記基準または計画に基づく管理が実施されているか | | ⑤OP | |
| 3 | 基準に達しない場合の是正または改善計画は実施されているか | | ⑤OP | |

### 4.9.4 土壌汚染などの事前評価(オプション)

| 1 | 土壌汚染など,汚染状況に関する現状の把握ができているか(サイトの使用状況に応じたグレーディングなど) | ⑤OP | | |
|---|---|---|---|---|
| 2 | 開発・譲渡・購入を行う場合の基準または計画があるか | ⑤OP | | |
| 3 | 基準または計画に沿って,事前評価が実施されているか | | ⑤OP | |

### 4.9.5 人事・労務管理(オプション)

| 1 | 人事考課・賞与評価において環境改善に関する評価要素が含まれているか(業績評価・情意考課など) | ⑤OP | | |
|---|---|---|---|---|
| 2 | 上記基準または計画に基づく管理が実施され,フィードバックが行われているか | | ⑤OP | |
| 3 | 評価・育成・処遇のサイクルが適切に行われているか | | ⑤OP | |

### 4.9.6 情報システム(オプション)

| 1 | 環境情報を一元管理するデータベースがあるか | ⑤OP | | |
|---|---|---|---|---|
| 2 | 上記データベースに基づく管理が実施されているか | | ⑤OP | |
| 3 | データアクセスが活発に行われ活用されているか | | ⑤OP | |

## 2．エコステージ１：環境経営システム構築に役立つ帳票類

以下では，エコステージ１を構築する際に活用が可能な帳票類を提示する．

下記の一覧表の「必須」欄に○がついているものは，エコステージ１の基準を満たすために必ず必要となる帳票であり，「推奨」欄に○がついているものについては，「資料集１．エコステージ評価基準兼チェックシート」で「①OP」（エコステージ１のオプション項目）とされた要求事項を満たす際に有用な帳票を示している．

なお，これらの帳票はあくまでもサンプルであり，実際にシステムを構築する際には，自らの組織に適合したやりやすい形式に変更することが望まれる．

| 帳　票　名 | 様　式 | エコステージ１ 必須 | エコステージ１ 推奨 |
|---|---|---|---|
| 4.2　「環境管理活動方針」関係 | | | |
| 「環境管理活動方針」 | 2－1 | ○ | |
| 4.3　「環境管理活動計画」関係 | | | |
| 「重点環境管理項目リスト(非定常時・緊急時兼用)」 | 3－1 | | ○ |
| 「環境目的・目標」 | 3－2 | ○ | |
| 「年度環境管理活動計画／フォロー表」 | 3－3 | ○ | |
| 4.4　「環境管理活動の実施及び運用」関係 | | | |
| 「環境管理組織体制」 | 4－1 | ○ | |
| 「環境管理に関する役割分担表」 | 4－2 | ○ | |
| 「環境教育訓練年間計画表」(様式3－3で代替可) | 4－3 | ○ | |
| 「環境教育訓練報告書」(様式3－3で代替可) | 4－4 | ○ | |
| 「環境情報連絡表(外部コミュニケーション用)」 | 4－5 | | ○ |
| 「緊急処置報告書」 | 4－6 | | ○ |
| 「環境改善・提案書」 | 4－7 | | ○ |

| 4.5 「活動状況の把握と改善」関係 | | | |
|---|---|---|---|
| 「環境管理活動チェックシート」(計画に沿った活動記録で代替可) | 5 - 1 | ○ | |
| 「法令・その他の要求事項評価一覧表」 | 5 - 2 | ○ | |
| 「是正処置報告書」 | 5 - 3 | | ○ |
| 「予防処置報告書」 | 5 - 4 | | ○ |
| 4.6 「経営層による見直し」関係 | | | |
| 「経営者による見直しチェックリスト」 | 6 - 1 | ○ | |

## 「環境管理活動方針」(様式2-1)

### 環境方針

1. 基本理念
   ○○株式会社は「環境負荷の低減活動を通じて経営基盤の充実と地球環境保全に貢献する」という基本理念のもとに，企業活動を通じて人々の健康と豊かな社会の実現を目指すことを目的として，下記の基本方針を定める．

2. 基本方針
   (1) 事業活動，事務活動，及び当社の製品が環境に与える影響を確実に把握し，当社にふさわしい以下の環境管理活動を実施する．
     例) ① ムダ取りを通じて省エネルギーを推進する．
        ② 5S活動と在庫削減を通じて省資源を推進する．
        ③ 不良低減を通じて廃棄物の低減を推進する．

   (2) 環境目的及び目標を設定し，妥当性を毎年見直すとともに環境経営システムを継続的に改善し汚染の予防に努める．

   (3) 環境に関する法令，協定その他の要求事項を遵守する．

   (4) 全社員が環境管理活動方針を理解し，本方針に則した活動が行えるよう環境教育を促進する．

   (5) この環境方針はホームページなどで広く一般に公表する．

○○年○月○日

○○株式会社

代表取締役社長
署名

## 「重点環境管理項目リスト（非定常時・緊急時兼用）」（様式3－1）

▼重点環境管理項目リスト（非定常時・緊急時兼用）

作成： 年 月 日

| 承認 | 審査 | 作成 |
|---|---|---|
|  |  |  |

┌ 非定常時の重点環境管理項目
└ 緊急時の重点環境管理項目 ┤該当する区分に〇をつける

| 非定常 | 緊急 | 分類 | 環境側面 著しい環境側面 |  | 対象施設 |
|---|---|---|---|---|---|
|  |  | I | 購入品・調達品 | コピー用品 |  |
|  |  | I | 購入品・調達品 | 事務用品 |  |
|  |  | I | 天然資源・エネルギーの利用 | 電気 | 照明 |
|  |  | O | 廃棄物・ゴミ | 資源ゴミ | ミスコピー |
|  |  | O | 廃棄物・ゴミ | 廃パソコン |  |
|  |  | O | 廃棄物・ゴミ | 廃プリンター |  |
| 〇 |  | O | 廃棄物・ゴミ | 不良品の発生 | 操作ミス |
|  | 〇 | O | 土壌汚染 | 重油流出 | 受入ミス、地震　地下タンク |
|  | 〇 | O | 水質汚染 | 汚水排出 | 操作ミス　排水処理施設 |
|  |  | P | 環境に有益なこと | リサイクル推進 | 紙 |
|  |  | P | 環境に有益なこと | 帳票類の電子化，電子印 |  |
|  |  | P | 環境に有益なこと | リサイクル推進 | トナーカートリッジ |
|  |  | P | 環境に有益なこと | リサイクル推進 | 本・雑誌 |
|  |  | P | 環境に有益なこと | 企業の環境保全を推進するコンサルティング |  |
|  |  | P | 環境に有益なこと | リサイクル推進 | パソコン |
|  |  | P | 環境に有益なこと | 部員への環境ビジネス情報の伝達 |  |
|  |  | P | 環境に有益なこと | IT化を推進するコンサルティング |  |
|  |  | P | 環境に有益なこと | 環境教育セミナーの開催 |  |
|  |  | P | 環境に有益なこと | 環境にやさしい企業の発掘・支援 |  |
|  |  | P | 環境に有益なこと | 環境保全のための異業種交流会 |  |
|  |  |  |  |  |  |
|  |  |  |  |  |  |
|  |  |  |  |  |  |
|  |  |  |  |  |  |

I：インプット　　O：アウトプット　　P：プラス側面

▼環境方針・目的・目標
1. 全社環境目的・目標
〈環境方針に基づく目的（3年後の目標）及び年度目標〉

## 「環境目的・目標」（様式3-2）

| 環境方針（実施項目） | 目的（3年後の目標） | 目標（1年後） | 目標（2年後） |
|---|---|---|---|
| 1. 省エネルギーの推進<br>例（ムダ取り） | (1) 電気・ガスの効率的使用<br>〈△△年度実績に対して<br>○○年度末までに2％削減〉 | ①電気・ガスの使用料実績把握<br>②省エネルールの確立 | ア．△△年度実績に対して1％削減<br>イ．節電の推進 |
| 2. 省資源の推進<br>例（在庫削減<br>5S推進<br>経費削減） | (1) 在庫削減<br>〈△△年度実績に対して<br>○○年度末までに20％削減〉<br>(2) 水及び燃料の効率的使用 | ①過剰在庫量把握<br>②5Sの推進（不要物一掃）<br>①水の使用量把握<br>②燃費の実績把握及び<br>省エネ運転ルールの確立 | ア．△△年度実績に対して在庫10％削減<br>イ．目でみる管理の推進／5S定着<br>ア．節水の推進<br>イ．△△年度実績に対して5％向上<br>省エネ運転の推進 |
| 3. 廃棄物の分別及び<br>リサイクルの推進<br>例（不良低減<br>不良在庫削減） | (1) 不良品の低減<br>〈△△年度実績に対して<br>○○年度末までに10％削減〉<br>(2) リサイクルの推進 | ①不良品の把握<br>②廃棄物の適正処理ルールの確立<br>①分別管理の推進<br>②リサイクル品目の洗出し | ア．△△年度実績に対して不良品5％削減<br>ア．リサイクルの推進及び<br>リサイクル率の把握 |
| 4. グリーン調達の推進<br>（調達コスト削減） | (1) 環境にやさしい製品、サービス及び資材の調達<br>（調達コスト30％削減） | ①環境にやさしい製品などの把握及び調達計画の立案 | ア．調達計画に基づくグリーン調達の推進<br>（包装資材50％削減） |
| 5. 環境教育の推進 | (1) エコステージ3取得<br>(2) 主要協力会社への環境教育実施<br>(3) 環境美化活動の推進 | ①エコステージ1取得<br>①環境教育実施の体制確立<br>①敷地内緑化計画の立案<br>②地域活動への参画 | ア．エコステージ2及び<br>ISO14001取得<br>ア．教育文書の作成<br>イ．グループ会社などへの環境教育実施<br>ア．敷地内緑化活動の推進<br>ア．地域活動への参画 |

## 2．エコステージ1：環境経営システム構築に役立つ帳票類

# 「年度環境管理活動計画／フォロー図」(様式3－3)

▶△△△△年度環境管理活動計画／フォロー表

作成△△年8月30日 ㊞ ㊞ ㊞

### 環境目的
1. 廃棄物 50％削減
2. 省エネルギー　前年度比 10％削減
3. 環境教育推進

### 環境目標
1. 廃棄物の低減
　・分別の徹底
　・加工不良低減活動の推進
2. 省エネルギー
　・不要照明の消灯
3. 環境に関する教育の推進

評価凡例：○＝計画達成　△＝処置限界以上～計画値未満　×＝処置限界値未満（以下）

| 項目 | 実施事項 | 処置限界 | 目標値 | 管理頻度 | 主担当 | | 4月 | 5月 | 6月 | 7月 | 8月 | 9月 | 10月 | 11月 | 12月 | 1月 | 2月 | 3月 | 備考（ねらい） |
|---|---|---|---|---|---|---|---|---|---|---|---|---|---|---|---|---|---|---|---|
| 1．廃棄物の低減 | 分別の徹底定着 | 1ヵ月遅れ | 計画実施率100％ | 1回／月 | 主任 | 目標 | | | | | 営業活動、分別表示整備 | | | | | | | | ねらい：計画して低減活動に反映。また計量することにより、分別状況が確認ができる |
| | | | | | | 実績 | | | | | 100％ | 100％ | | | | | | | |
| | | | | | | 評価 | | | | | ○ | ○ | | | | | | | |
| | 加工不良低減活動（PW用脂カバー） | △△年3月までに0.012％以下 | 4月～7月実績原単位の5％を下回るまでに低減 | 1回／月 | 主任 | 目標 | | | | | △ | 0.020％ | 0.015％ | 0.014％ | 0.014％ | 0.013％ | 0.013％ | 0.012％ | ねらい：加工不良低減活動により廃棄物の低減を図る。不良個数＝100％生産個数 |
| | | | | | | 実績 | | | | | | 0.100％ | 0.800％ | | | | | | |
| | | | | | | 評価 | | | | | | ○ | ○ | | | | | | |
| 2．省エネルギーの推進 | 不要照明の消灯 | | 4月～7月実績原単位の5％を下回るまでに低減 | 1回／3ヵ月 | 主任 | 目標 | | | | | △ | | | | 2.5％ | - | - | 5.0％ | ねらい：省エネ意識の浸透を図る。4月～7月実績原単位285.9kWh／100万円を下期末(00/3)までに5％低減 |
| | | | | | | 実績 | | | | | | | | | | | | | |
| | | | | | | 評価 | | | | | | | | | | | | | |
| 3．環境に関する教育 | 環境教育 | 1ヵ月遅れ | 計画実施率 | 1回／2ヵ月 | 主任 | 目標 | | | | | 廃棄物（分別） | 9/7 | 11/6 | 省エネ | - | - | - | 環境 | ねらい：環境意識の高揚と浸透を図る |
| | | | | | | 実績 | | | | | | ㊞ | ㊞ | | | | | | |
| | | | | | | 評価 | | | | | | ○ | ○ | | | | | | |

※実績報告は毎月会社稼働日10日以内とする

| 符号 | 処置月日 | 処置欄（裏づけ資料名）工場長、具体的方針を見直し、社長 工場長 社長 | | |
|---|---|---|---|---|
| △ | 8／30 | 体的行動計画を作成し 9月より実績を記入 | ㊞ | ㊞ |
| | | | | |
| | | | | |

| 工場長 | |
|---|---|
| 社長報告（1回／3ヵ月） | |
| コメント | |

## 「環境管理組織体制」(様式4−1)

▼○○株式会社／EMS運用組織体制(本社ビル関係)

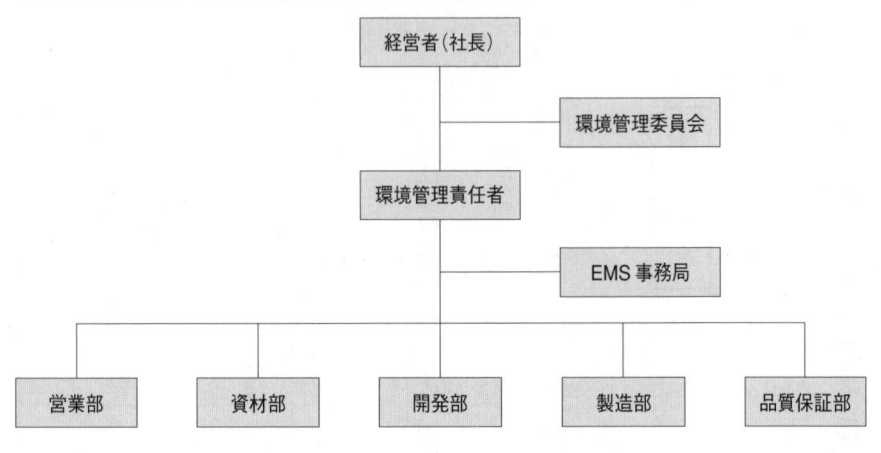

```
                    経営者(社長)
                         │
                         ├────── 環境管理委員会
                         │
                    環境管理責任者
                         │
                         ├────── EMS事務局
         ┌────┬────┬────┼────┬────┐
       営業部  資材部  開発部  製造部  品質保証部
```

## 「環境管理に関する役割分担表」(様式4−2)

▼各部門の環境に関する責任者，役割，責任及び権限

| 部　門 | 責任者 | 役割，責任及び権限 |
|---|---|---|
| 社長（最高経営層） | | 1　最高責任者<br>2　環境方針の制定，環境目的・目標の承認<br>3　環境経営システムの見直し<br>4　環境経営マニュアルの承認<br>5　環境管理責任者の任命，内部環境監査員の任命<br>6　経営資源の準備 |
| 環境管理責任者<br>（専務または<br>　環境担当役員） | | 1　環境経営システムの確立，実施，維持の管理<br>2　経営者への環境経営システムの実績の報告<br>3　環境影響評価の実施(環境側面の見直し)<br>4　全体環境目的・目標一覧表の策定の推進<br>5　部門別環境目的・目標・プログラムの承認及び実績の承認<br>6　環境経営登録文書の承認(上記マニュアルなど以外)<br>7　階層及び部門間での内部情報伝達の推進<br>8　外部からの情報伝達，外部への情報発信の推進<br>9　緊急事態発生時の対処の統括(外部への通報を含む)<br>10 ISO推進事務局の業務の統括 |
| EMS事務局 | | 1　環境管理責任者の環境経営業務の事務補助<br>2　著しい環境側面登録表の作成<br>3　全体環境目的・目標・プログラムの作成<br>4　全体環境目的・目標達成状況総括報告書の作成<br>5　環境経営システム文書の作成・維持・管理<br>6　法的及びその他の要求事項登録表の作成(関連部署との調整含む)<br>7　教育訓練計画書の作成及び実施<br>8　外部への情報伝達(環境方針・苦情回答など)文書の作成<br>9　環境管理委員会，内部環境監査の運営事務 |
| 各課 | 部長 | 1　自部門の環境経営業務の実行責任者<br>2　部門別環境経営プログラムの実行及び進捗管理<br>3　緊急事態発生時の課内統括<br>4　環境影響業務の手順書の実行及び見直し<br>5　自部門の特定業務の従事者の教育・訓練及び能力認定の計画書の承認<br>6　協力会社の委託業務に対する環境情報の伝達，教育・訓練の実行 |
| 環境管理<br>委員会 | 委員長<br>（社長） | 1　制定する環境経営マニュアルの審議<br>2　制定する全体環境目的・目標・プログラム（全体）の審議<br>3　全体環境目的・目標（全体）の達成度の評価<br>4　経営層の見直しによる各部署の実施方策の審議<br>5　その他の環境経営システムの重要事項に関する審議 |

▶環境教育訓練年間計画表(平成　　年度)

# 「環境教育訓練年間計画表」(様式4−3)

| | | | | | 承認 | 審査 | 作成 |
|---|---|---|---|---|---|---|---|
| | | | | | | | |

作成：　年　月　日

| 区分No. | 対象部門・対象業務など | 責任者 | 実施予定 (4月5月6月7月8月9月10月11月12月1月2月3月) | 教育訓練の内容テキストなど |
|---|---|---|---|---|
| 教育 1 | 情報システム部 | 環境管理責任者 | | 環境方針、環境目的・目標、共通 |
| 教育 2 | 製造部 | 〃 | | 環境マネジメントプログラム、上記に関係する環境側面・環境影響、コピー紙運用手順書、資源・エネルギー管理手順書、当社の環境経営システムにおける責任権限など |
| 教育 3 | 資材部 | 〃 | | |
| 教育 4 | 総務・経理部門 | 〃 | | |
| 教育 5 | 新入社員教育 | | | |
| 教育 6 | 防災訓練 | 防災責任者 | | 手順のテスト、実地訓練 |
| 訓練 1 | 焼却炉運転 | 総務課 | | 焼却炉運転手順書 |
| 訓練 2 | | 各推進責任者・環境管理者 | | |
| 訓練 3 | | | | |
| 訓練 4 | | | | |
| 訓練 5 | | | | |
| 能力・資格 1 | 公害防止管理者 | 各推進責任者・環境管理者 | | |
| 能力・資格 2 | 危険物取扱者 | | | |
| 能力・資格 3 | | | | |
| 能力・資格 4 | | | | |
| 能力・資格 5 | | | | |

注：実施予定月に横線を入れる。実施したら横線の下に日付を記入する

## 2．エコステージ１：環境経営システム構築に役立つ帳票類　143

## 「環境教育訓練報告書」（様式4－4）

▼環境教育訓練記録

| 承認 | 審査 | 作成 |
|---|---|---|
| 上野 | 河合 | 矢野 |

作成日： 年 月 日

| 開催日時 | 2003年8月1日（火）<br>10：00～12：00 | 教育・訓練内容 ||
|---|---|---|---|
| 教育・訓練名称 | 自覚 | 環境方針の背景を説明 ||
| ||著しい環境側面から方針展開への流れを説明 ||
| 開催場所 | Aビル2階　大会議室 | 環境マニュアルの位置づけを説明 ||
| 講師名 | 環境管理責任者 |  ||

<参加者氏名>参加者　計　33名

| 所属 | 氏名 | 所属 | 氏名 | 所属 | 氏名 |
|---|---|---|---|---|---|
| 経コン部 | 青森秋雄 | TMS | 大阪昌彦 | TMS | 熊本　誠 |
| 派遣社員 | 山形のぶ子 | 派遣社員 | 兵庫亜菜子 | 派遣社員 | 長崎　恵 |
| 経コン部 | 秋田幸子 | 経コン部 | 岡山雅晴 | 大阪 | 香川義信 |
| 大阪 | 宮城竜也 | TMS | 広島　徹 | 経コン部 | 岐阜浩之 |
| 経コン部 | 福島喜三郎 | 経コン部 | 山口清和 | TMS | 愛知義雄 |
| TMS | 栃木剛 | 経コン部 | 島根　敏 | 経コン部 | 滋賀秀樹 |
| TMS | 群馬明寛 | 経コン部 | 鳥取康夫 | 経コン部 | 和歌山茂隆 |
| 経コン部 | 埼玉孝明 | 経コン部 | 福岡克巳 | 経コン部 | 山梨克弘 |
| TMS | 新潟光史 | 経コン部 | 大分隆志 | 経コン部 | 神奈川治雄 |
| 経コン部 | 茨城充久 | 経コン部 | 佐賀尚仁 | 経コン部 | 徳島　茂 |
| TMS | 千葉　武 | TMS | 宮崎美保 | 経コン部 | 愛媛育子 |

<欠席者氏名>欠席者　計　17名

| 所属 | 氏名 | 所属 | 氏名 | 所属 | 氏名 |
|---|---|---|---|---|---|
| TMS | 北海道雄二 | パート | 静岡景子 | 経コン部 | 福島達也 |
| 経コン部 | 石川勝雄 | 経コン部 | 長野　章 | 経コン部 | 栃木一浩 |
| 経コン部 | 福井政人 | 経コン部 | 青森英之 | 経コン部 | 群馬秀樹 |
| 経コン部 | 富山英子 | 経コン部 | 秋田　貢 | 経コン部 | 茨城尚美 |
| 経コン部 | 高知隆司 | 経コン部 | 山形弘嗣 | 経コン部 | 埼玉正浩 |
| 経コン部 | 東京重樹 | 経コン部 | 宮城　在 |  |  |

| 欠席者への教育訓練予定 | 備　考（効果確認） |
|---|---|
| 事務管理グループから，各自に資料を配付する | 資料配付済み 8 /12 |

資料集

## 「環境情報連絡表(外部コミュニケーション用)」(様式4－5)

▼環境情報連絡表(外部コミュニケーション用)
(利害関係者からの苦情・要望・環境一般情報伝達用)

No.

| 情報区分 | | ⓐ苦情・要望・環境一般情報 | | | |
|---|---|---|---|---|---|
| 受付者 | 日　時 | 2004年2月10日　14時15分 | | | |
| | | (電話・FAX・郵便・面談・他(　　　)) | | | |
| | 部　署 | 総務課 | 氏名 | 山田　二郎 | |
| 情報提供者 | 氏　名 | 環境　一郎 | | | |
| | 住　所 | ○○市×××町 | | | |
| | 電　話 | 012－345－6789 | 回答要求 | ⓐ有・無 | |

〈情報内容〉
○○工場周辺の側溝(U字溝)を流れる雨水表面に油分が目立つが、近くに農地を保有しているため、影響がないか心配とのこと．

〈対応内容〉
・工場の敷地外へ放流される前に油分分離槽で油分は確実に除去されるため、農地へ流出する心配はない旨を説明し、了解を得た．
・工場としても原因調査を行う必要があると思われます．

| 関係部門 | 不適合の判断 | | | | | |
|---|---|---|---|---|---|---|
| | | 不適合に該当する　ⓐ不適合ではない | | | | |
| | 情報受付時 | | | 対応内容決定時 | | |
| ・○○工場管理部 ・ ・ | 2004年2月10日 | | | 2004年2月17日 | | |
| | 管理責任者 | 総務係長 | 係　長 | 管理責任者 | 総務係長 | 係　長 |
| | | | | | | |

## 「緊急処置報告書」(様式4−6)

▼緊急処置報告書

◎事故，災害などにより重大な環境への影響が発生した場合に報告する．
◎発生時，対応時ごとに報告する．

| 施設・設備名 | 第一工業廃棄物置場 |
|---|---|
| 発生日時 | 2001年1月30日 13時30分 |
| 発生場所 | 廃油置場 |
| 発 見 者 | 製造係長 |

&lt;発生内容・原因&gt;
　工場内の廃油を廃油置場へ移動させようとしたところ，廃油缶6本のうち1本が倒れ油が漏れ出していることが発見されました．昨日の地震(震度4)によって，倒れ防止用の鎖に納まらなかった1本が転倒したものと思われます．

　※周囲へ流出した様子はないようです．

| | 2001年1月30日 | | |
|---|---|---|---|
| | 係　長 | 環境管理事務局 | 環境管理責任者 |
| | ○ | ○ | ○ |

&lt;対応内容・改善処置&gt;
　廃油缶は転倒防止鎖を使って固定することを再度徹底します．
　鎖を長くし，調整可能なフックを取りつけます．

| | 2001年2月3日 | | |
|---|---|---|---|
| | 係　長 | 環境管理事務局 | 環境管理責任者 |
| &lt;手順書の見直し&gt;　有・(無) | × | × | × |

&lt;発生時・対応内容決定時&gt;
発見者　→　係長　→　（環境管理事務局経由）　→　環境管理責任者

## 「環境改善・提案書」(様式4-7)

▼環境改善・提案書

2004年1月15日

| 承認 | 確認 | 作成 |
|---|---|---|
|  |  |  |

| 問題点・クレーム・ニーズなどの情報 |
|---|
| 2001年4月からグリーン購入法が施行され，国全体で環境配慮を実行に移すことが期待されています．<br>最近の新聞記事(別紙参照)においても業績評価や個人評価に環境行動をビルトインしていく方向です．<br>当社は，人事コンサルティングにおいて，高いプレゼンスを有していますが，環境変化に追従できるシステムが必要と考えています．<br>人事コンサルティングにおいても，環境配慮型のシステムがいずれ広がっていくものと判断しています．<br><br>　　　　　　　　　　　　　　　　　　　(添付資料　㊲　・　無) |
| 改善案・改善成果・提案など |
| 上記のような状況から，環境配慮型の人事考課システムへと展開していくことが必要と考えています．その対策として，職能要件書，考課の着眼点，賞与評価表などに反映していくことが考えられます．<br>具体的には，<br>①　情意考課項目の企業意識の中に，品質意識やコスト意識を区分して設計しているのと同様に，環境保全意識を追加する．<br>②　EMSの活動を積極的に行っている企業に対し，環境改善度を成績考課項目の一部に追加する．<br><br>　　　　　　　　　　　　　　　　　　　(添付資料　有　・　㊲) |

| 環境管理責任者コメント | 経営者コメント |
|---|---|
| ・04／2月の部会で提案してください． | 重要．当社企画部に提案してください． |

## 「環境管理活動チェックシート」(様式5−1)

▼2003年3月廃棄物分別チェック表

| 承認 | 審査 | 作成 |
|---|---|---|
| 上野 | 栗崎 | 矢野 |

作成日 2003年4月3日

分別がきちんとされている場合は○,されていない場合は×を記入

| 日 | 上質紙 | 古紙 | 新聞紙 | 可燃ゴミ | プラスチック容器 | 不燃ゴミ | 備考(原因の特定) | チェック者 |
|---|---|---|---|---|---|---|---|---|
| 1 | ○ | ○ | ○ | × | ○ | ○ | ペットボトルが可燃ゴミに入っていた | 内山 |
| 2 | ○ | ○ | ○ | ○ | ○ | ○ | | 〃 |
| 3 | | | | | | | | |
| 4 | | | | | | | | |
| 5 | ○ | ○ | ○ | ○ | ○ | ○ | | タナハシ |
| 6 | ○ | ○ | ○ | ○ | ○ | ○ | | 〃 |
| 7 | ○ | ○ | ○ | ○ | ○ | ○ | | 〃 |
| 8 | ○ | ○ | ○ | ○ | ○ | ○ | | 〃 |
| 9 | ○ | ○ | ○ | ○ | ○ | ○ | | 〃 |
| 10 | | | | | | | | |
| 11 | | | | | | | | |
| 12 | ○ | ○ | ○ | ○ | ○ | ○ | | 成田 |
| 13 | ○ | ○ | ○ | ○ | ○ | ○ | | 〃 |
| 14 | ○ | ○ | ○ | ○ | ○ | ○ | | 〃 |
| 15 | ○ | ○ | ○ | ○ | ○ | ○ | | 〃 |
| 16 | ○ | ○ | ○ | × | ○ | ○ | ジュースのストローが可燃ゴミに入っていた | 〃 |
| 17 | | | | | | | | |
| 18 | | | | | | | | |
| 19 | ○ | ○ | ○ | ○ | ○ | ○ | | 夫馬 |
| 20 | | | | | | | | |
| 21 | ○ | ○ | ○ | ○ | ○ | ○ | | 夫馬 |
| 22 | ○ | ○ | ○ | ○ | ○ | ○ | | 〃 |
| 23 | ○ | ○ | ○ | ○ | ○ | ○ | | 〃 |
| 24 | | | | | | | | |
| 25 | | | | | | | | |
| 26 | ○ | ○ | ○ | ○ | ○ | ○ | | 相川 |
| 27 | ○ | ○ | ○ | ○ | ○ | ○ | | 〃 |
| 28 | ○ | ○ | ○ | ○ | × | ○ | 紙くずがプラスチック容器に入っていた | 〃 |
| 29 | ○ | ○ | ○ | ○ | ○ | ○ | | 〃 |
| 30 | ○ | ○ | ○ | ○ | ○ | ○ | | 〃 |
| 31 | | | | | | | | |

| 事務長コメント | 環境管理責任者コメント | 経営コンサルティング部長コメント |
|---|---|---|
| 昨年9月に廃棄物分別チェック開始以来,改善傾向にあったが,3月は初歩的な間違いが2件あったため,別途にて注意喚起 <br> 作成欄押印 | ほぼ定着 <br><br> 審査欄押印 | 基本事項の再徹底を継続的に行う <br><br> 承認欄押印 |

## ▼法令・その他の要求事項登録一覧表

# 「法令・その他の要求事項評価一覧表」(様式5-2)

|  |  | 承認 | 審査 | 作成 |
|---|---|---|---|---|
|  |  |  |  |  |

定期評価欄は〇か×を記入し
確認者の印を押す

| 法規、条例、要求事項名 | 適用施設設備 | 法規などの要求事項 ||||| 主管部門 | 定期評価欄 |||
|---|---|---|---|---|---|---|---|---|---|---|
|  |  | 届出書名 | 届出機関 | 適用条文 | 適用内容または規制値 | 備考 |  | 良 | 否 | 確認印 |
| 産業廃棄物の処理及び清掃に関する法律 | 対象産業廃棄物<br>1.スラッジ<br>2.廃液<br>3.ウエスなど |  |  | 保管基準12条の2 第2項 | ・飛散、流出、浸透、悪臭等の防止<br>・鼠、蚊、蠅、その他害虫の発生防止 |  | 総務部 | 〇 |  |  |
|  |  | 産業廃棄物管理票交付状況等報告書 | 名古屋市長 | 12条の3 第5項<br>(マニフェスト票) | 交付から90日以内に未返却の場合、照合確認とともに保健所へ届ける<br>4/1～3/31の交付状況を6/30までに |  | 総務部 |  | × |  |
|  |  | 管理責任者設置届 | 名古屋市長 | 14条第2項 | 管理責任者設置後30日以内 |  | 総務部 |  |  |  |
|  |  | 処理実績報告書 | 名古屋市長 | 14条第4項 | 4/1～3/31の期間を対象に6/30まで |  | 総務部 |  |  |  |
|  | 対象特別管理産業廃棄物<br>PCBコンデンサーの保管 |  |  | 保管基準第12条の2 第2項<br>規則第8条の13 | ・周囲に囲い設置<br>・保管場所及び保管物の表示<br>・保管責任者及び連絡先の表示<br>・飛散、流出、浸透、悪臭などの防止 |  | 総務部 |  |  |  |
|  |  |  |  |  | 厚生労働大臣が認定する講習を修了して所定の資格を取得 |  | 総務部 |  |  |  |

2．エコステージ１：環境経営システム構築に役立つ帳票類　149

## 「是正処置報告書」(様式5－3)

▼是正処置報告書

環境情報連絡表（①・③）No.　　　　　より

NO.

| 承認 | 確認 | 作成 |
|---|---|---|
|  |  |  |

2003年　8月　11日

| 発生状況不適合 | 発見日 | 2003年8月11日 | 発見者 | 山田二郎 |
|---|---|---|---|---|
| | 工場周辺の側溝に油分が多量に溜まっていた． | | | |

| 不適合の原因 | 油水分離槽に設置していた吸着マットの定期点検が行われておらず，吸着しきれなかった油分が流出していたものと思われる． |
|---|---|

| 是正処置内容 | 実施日 | 2003年8月12日 | 実施者 | 工場太郎 | 確認者 | |
|---|---|---|---|---|---|---|
| | 吸着マットを即日交換しました．<br>廃油置場の廃油缶に亀裂が入っていたため，新品と交換しました．<br>他の缶もチェックしましたが異常ありませんでした． | | | | | |

| 環境管理責任者による評価（○をつける） | 是正処置内容 | (適切である) → 承認印 |
|---|---|---|
| | 類似事例の有無 | 有・(無) |
| | 予防処置の要否 | (必要)・不要 |

| 予防処置の指示 | 担当者 | | 実施期限 | |
|---|---|---|---|---|
| | コメント | 他工場の廃油缶の状況も同様にチェックすること．<br>（手順のチェック項目に加えること） | | |

| | 手順書の制定・(改訂) | (済)・不要 |
|---|---|---|

| 備考 | |
|---|---|

資料集

## 「予防処置報告書」（様式5－4）

▼予防処置報告書

是正処置報告書No.　　　より，または　　　　からの指示

2003年4月10日

| NO. | | |
|---|---|---|
| 承認 | 確認 | 作成 |
|  |  |  |

| | 担当者 | |
|---|---|---|
| 不適合・是正処置内容 | 廃棄物の分別基準に従って各担当者に分別していただいておりますが，時々，再利用可能な紙も可燃ゴミとして捨てられています． | |
| 予防処置の実施内容 | 実施日　2003年5月10日　　実施者　総務課　　確認者　部　長<br>再利用可能な紙は「再利用ボックス」を設置して再利用できるように区分します． | |
| 環境管理責任者による評価 | 予防処置内容（○をつける）　　　　　　　適切である → ㊙承認<br>分別基準も拡大して表示すること． | |
| | 手順書の制定・改訂　　　　　　　　　　　　　　　㋜・不要<br>廃棄物管理手順書を改訂した． | |

## 「経営者による見直しチェックリスト」(様式6-1)

▼経営者による見直しチェックリスト

見直しの種類：(定期見直し)　臨時見直し

| No. | 個別見直し項目 | 環境管理責任者コメント | 添付資料の有無 |
|---|---|---|---|
| 1 | 環境目的及び目標の達成状況 | 全体的に環境目標達成に向けた体制は整ったが，「ISO14001コンサルティングの新規案件増加」については計画以上の取り組みを期待したい． | 無 |
| 2 | 環境マネジメントプログラムの達成状況 | 「環境管理手順書」制定など，順調に達成できているが，NO9「既コンサルティング企業間でのネットワーク構築」のみプログラム変更の可能性有． | 有 |
| 3 | 法的及びその他の要求事項の遵守状況 | 廃棄パソコン類，一般廃棄物ともに適正に処分されている． | 無 |
| 4 | その他，変化している周囲の状況 | 9／23〜24の事務所移転は計画的に行われ，発生した廃棄物類への処理も適切に行われた．なお，同じオフィス・ビル内の移転であり環境面の変更はないと考えられる． | 無 |
| 日付・環境管理責任者署名 | 2003年9月27日　管理責任者　環境　武 | | (環) |

| 経営者による総合評価 | 是正指示：有・(無) |
|---|---|

(1) 方針，目的・目標に対する変更の必要性：
　　今回の見直しにおいては，変更の必要性はない．

(2) 環境経営システムに対する変更の必要性：
　　オフィス移転にともなう環境管理手順書の改訂を指示する．

(3) その他：
　　ISO14001新規案件増加，既コンサルティング企業間のネットワーク構築といった実施項目に関する計画変更のため，環境マネジメントプログラムの改訂を指示する．

| 日付・環境管理責任者署名 | 2003年9月27日　　緑　一郎 | (緑) |

［引用・参考文献］
- 『ISO14000入門』，吉澤正著，日経文庫．
- 『JIS Q 9004：2000品質マネジメントシステム―パフォーマンス改善の指針』，日本規格協会．
- 『適合性評価ハンドブック』，日本適合性認定協会編，日科技連出版社．
- 『中小企業のためのISO14001』，矢野昌彦著，PHP研究所．
- 『「エコステージ」で始める環境経営評価支援システム活用の手ほどき』，エコステージ協会．
- 『JIS Q 14001：1996 環境マネジメントシステム―仕様及び利用の手引』，日本規格協会．
- 『JIS Q 14004：1996 環境マネジメントシステム―原則，システム及び支援技法の一般指針』，日本規格協会．
- 『JIS Q 19011：2003 品質及び／又は環境マネジメントシステム監査のための指針』，日本規格協会．
- 『環境マネジメントシステム構築の手ほどき』，UFJ総合研究所．
- 『環境会計ガイドブック2002年度版』，環境省．
- 『経営に活かす環境戦略の進め方―環境経営からCSRへ―』，矢野昌彦他，オーム社．

# 索　引

## [ア　行]

| | |
|---|---|
| IAF | 11 |
| ISO（国際標準化機構） | 9 |
| アウトプット | 20，45 |
| 著しい環境側面 | 24，43 |
| インプット | 20，45 |
| 運用管理 | 23，25 |
| 営業・販売管理 | 52，56 |
| エコアクション21 | 7，112 |
| エコ商品 | 58 |
| エコステージ | 2，116 |
| ──活用のポイント | 62 |
| ──Q&A | 113 |
| ──支援・評価のステップ | 70 |
| ──取得までの期間 | 117 |
| ──取得までの負荷 | 117 |
| ──宣言 | 70，71，72 |
| ──全体の流れ | 7 |
| ──とISO14001の違い | 114 |
| ──5つのレベル | 15 |
| ──基本システム | 13 |
| ──今後の方向性 | 109 |
| ──仕組み | 5 |
| ──主旨 | 7 |
| ──取得業種 | 116 |
| ──制度的進化 | 110 |
| ──発展段階 | 59 |
| ──普及 | 111 |
| ──プロセス関連図 | 64 |
| ──メリット | 2，18，20 |
| ──申し込み方法 | 116 |
| ──レベルアップ方法 | 60 |
| エコステージ協会 | vi，5 |
| ──設立の目的 | 7 |
| ──組織 | 5，6 |
| ──提供している帳票類 | 76 |
| ──ホームページ | vi，71，116 |
| エコステージ研究会 | 8 |
| エコステージ導入 | 30 |
| ──事例 | 87 |
| ──推進の進め方 | 69 |
| ──のポイント | 30 |
| ──のメリット | 115 |
| ──費用 | 115 |
| エコステージ認証 | 70 |
| ──取得の流れ | 70 |
| ──書 | 85 |
| ──の継続辞退 | 118 |
| エコステージ評価 | 81 |

| | | | |
|---|---|---|---|
| ——員 | 75 | 汚染の予防 | 34 |
| ——機関 | 6 | | |
| ——機関一覧表 | 71 | [カ 行] | |
| ——基準兼チェックシート | 120, | 外部コミュニケーション | 23, 25, 65 |
| | 121-133 | 化学物質管理 | 58 |
| ——システム構成 | 62 | 環境ISO | 9, 112 |
| ——表 | 81, 83 | 環境会計 | 55, 57 |
| ——不適合及び推奨事項の分類 | 81 | 環境改善・提案書 | 134, 146 |
| エコステージ1 | 14 | 環境管理活動チェックシート | |
| ——：環境経営システム構築に役 | | | 134, 147 |
| 立つ帳票類 | 134-151 | 環境管理活動方針 | 134, 136 |
| ——システムづくりのステップ | 32 | 環境管理責任者 | 37 |
| ——評価項目 | 19, 21, 31 | ——の役割 | 37 |
| ——レベル評価の着眼点 | 19, 21 | 環境管理組織体制 | 134, 140 |
| エコステージ1，2のモデル料金表 | 115 | 環境管理に関する役割分担表 | |
| エコステージ2 | 14 | | 134, 141 |
| ——システムづくりのステップ | 44 | 環境教育 | 58 |
| ——評価項目 | 22, 42 | ——訓練年間計画表 | 134, 142 |
| ——レベル評価の着眼点 | 22 | ——訓練報告書 | 134, 143 |
| エコステージ3 | 14, 52 | 環境経営 | 2, 24 |
| ——評価項目（システム項目） | 56 | ——基礎レベル（エコステージ2） | |
| エコステージ4 | 14, 54 | | 15, 59 |
| ——評価項目（システム項目） | 57 | ——システム | 46 |
| ——評価の視点 | 55 | ——システム構築指導 | 75 |
| エコステージ4，5の評価項目（パ | | ——システムの継続的改善 | 52 |
| フォーマンス項目） | 58 | ——度 | 62 |
| エコステージ5 | 14, 54 | ——導入段階（エコステージ1） | 15, |
| ——評価項目（システム項目） | 57 | | 22, 59 |
| LCA（ライフ・サイクル・アセス | | 環境効率（Eco-Efficiency） | 8 |
| メント） | 53 | ——改善の原則 | 20 |

| | | | |
|---|---|---|---|
| ――向上 | 19, 20 | | 23, 24, 65 |
| 環境情報連絡表(外部コミュニケーション用) | 134, 144 | 緊急時管理 | 23, 26 |
| | | 緊急処置報告書 | 134, 145 |
| 環境側面 | 24, 43, 60, 65 | グリーン調達 | 3, 58 |
| ――管理 | 23, 24, 74 | ――活用 | 66 |
| ――管理システム | 43, 45, 48 | ――基準 | 53 |
| ――抽出方法 | 45 | ――判断基準 | 5 |
| 環境配慮 | 52 | 経営改善 | 36 |
| 環境パフォーマンス | 14 | 経営層による見直し | 21, 22, 23, 40 |
| ――指標 | 54, 59, 66 | ――システム | 48 |
| ――指標に基づいた管理 | 54 | ――チェックリスト | 76, 135, 151 |
| 環境負荷 | 8 | 経営パフォーマンス | 80 |
| ――低減 | 58 | KES | 3, 112 |
| 環境への配慮不足の状態 | 60 | 継続的改善 | 65 |
| 環境方針 | 19, 34 | 軽微な不適合 | 80 |
| ――策定と展開 | 34 | 原価改善 | 15 |
| ――展開システム | 48 | 現場確認 | 73, 79 |
| 環境保全 | 32, 36 | 更新評価 | 70, 85 |
| 環境マネジメントプログラム | 35 | 合同評価チームによるエコステージ評価 | 67 |
| 環境目的・目標 | 19, 35, 134, 138 | | |
| 環境ラベル | 58 | コミュニケーションシステム | 48 |
| 環境レポート(環境報告書) | 24 | コンサルティング | 3, 110 |
| 関西エコステージ研究会 | 6 | ――ツール | 112 |
| 監視システム | 48 | | |
| 監視・測定管理 | 21, 22, 23, 26 | [サ 行] | |
| 企画開発・設計管理 | 53, 56 | GRIサスティナビリティ・リポート・ガイドライン | 66 |
| 企業の環境効率の向上 | 7 | | |
| 教育訓練システム | 48 | CSR | 22 |
| 教育訓練年間計画表 | 38 | ――報告書 | 66 |
| 教育/内部コミュニケーション | 21, | システム | 17, 115 |

──改善　　　　　　　　　　　15
　　──改善管理　　　　　　　　56
　　──評価　　　　　　　　　　15
　　──評価基準　　　　　　　　16
施設・設備管理(工程管理)　　53, 56
事前調査書の記入　　　　　70, 72
事前調査書の項目　　　　　　　73
事前訪問調査・研修　　　　　　70
実行状況の監視(管理指標)　　　39
社会貢献　　　　　　　　　　　58
社会のグリーン化への挑戦　　　 8
社会へのアピール　　　　　　　 5
重大な不適合　　　　　　　　　80
重要環境管理項目　　　　　73, 74
　　──特定　　　　　　　　　　73
　　──リスト(非定常時・緊急時用)
　　　　　　　　　　　　134, 137
終了ミーティング　　　　　　　84
情報開示　　　　　　15, 55, 57, 58
情報システム　　　　　　　　　57
初回評価　　　　　　　　　　　70
人事・労務管理　　　　　　　　57
推奨事項　　　　　　　　　　　80
ステークホルダー(利害関係者)
　　　　　　　　　　　　 25, 114
ステージアップ　　　　　　　　85
　　──のポイント　　　　　　51
成果の監視(成果指標)　　　　　39
セカンドステップ　　　　　70, 77
　　──計画書　　　　　　　　78

　　──評価　　　　　　　　　　86
責任・権限遂行のための教育訓練　37
責任・権限の分担　　　　　　　36
是正処置　　　　　　　23, 26, 48
　　──フロー　　　　　　　　47
　　──報告書　　　81, 82, 135, 149
設計審査(デザインレビュー)　　53
組織管理　　　　　19, 21, 23, 24, 65

[タ　行]

第三者意見書　　　　　　　　　85
第三者評価委員会　　　　　　6, 85
　　──審査　　　　　　　　　85
体制整備　　　　　　　　　　　36
体制・責任システム　　　　　　48
他組織との比較評価　　　　　　 5
WTO／TBT協定　　　　　　11, 114
調達・購買管理　　　　　　53, 56
追加コンサルティング　　　72, 77
積木方式の評価システム　　　　63
定期評価　　　　　　　　　70, 85
TC207　　　　　　　　　　　　 9
東海エコステージ研究会　　　　 6
東京エコステージ研究会　　　　 6
統合マネジメント　　　　　　　14
　　──システム　　　　　　　60
トップヒアリング　　　　　　　79
取引先への支援活動　　　　　 104

[ナ　行]

内部監査　　　　　　　23, 27, 47, 65
　　――員　　　　　　　　　　48
年度環境管理活動計画　　　　134, 139

[ハ　行]

廃棄物・リサイクル　　　　　　　58
パフォーマンス　　　　　17, 25, 115
　　――改善　　　　　　　　　　15
　　――管理　　　　　　　　　　57
　　――評価（エコステージ4以上に適
　　用）　　　　　　　　　　15, 16
　　――評価基準（エコステージ4以上
　　に適用）　　　　　　　　　　17
PDCA　　　　　　　　　　　　　66
　　――サイクル　　　　　　　　31
評価員による環境経営支援　　　　5
評価基準委員会　　　　　　　　5, 6
評価結果のまとめ　　　　　　　　81
評価の申し込み　　　　　　　70, 71
評価表　　　　　　　　　　　　　81
評議会　　　　　　　　　　　　5, 6
ファーストステップ　　　　　70, 72
　　――計画書　　　　　　　　　74
フォロー表　　　　　　　　134, 139
フォローアップ評価　　　70, 77, 84
物流管理　　　　　　　　　　54, 56
不適合　　　　　　　　　　　　　80
　　――再発防止　　　　　　　　46

　　――是正確認　　　　　　　　84

文書化・文書　　　　　　　　　　48
文書・記録管理　　　　　　　23, 25
文書・記録の確認　　　　　　　　79
法規制及びその他の要求事項の特定　33
　　――フロー　　　　　　　　　33
法規制管理　　　　　　　　　21, 23
　　――システム　　　　　　　　48
法規制遵守以上の状態　　　　59, 60
方針管理　　　　　　　19, 21, 23, 65
法令・その他の要求事項評価一覧表
　　　　　　　　　　　　　135, 148

[マ　行]

マネジメント文書　　　　　　23, 25
未然防止　　　　　　　　　　　　46
京のアジェンダ21フォーラム　3, 112

[ヤ　行]

予防処置　　　　　　　　　　23, 27
　　――システム　　　　　　　　48
　　――報告書　　　　　　135, 150

[ラ　行]

リサイクル　　　　　　　　　　　20
リスク保有状態　　　　　　　59, 60
リデュース　　　　　　　　　　　20
リユース　　　　　　　　　　　　20
レベル評価基準　　　　　　　　　15
レベル評価点の活用　　　　　　　17
労働安全衛生　　　　　　　　　　57

監修者紹介

吉　澤　　正（よしざわ　ただし）

1939年　生まれ
1962年　東京大学卒業
現　在　帝京大学　経済学部　環境ビジネス学科　教授
著　書　『統計処理』(岩波書店)，『企業における環境マネジメント』
　　　　（日科技連出版社），ほか多数

---

## エコステージ―環境経営評価・支援システム―

2004年6月30日　第1刷発行

| | | |
|---|---|---|
| 監修者 | 吉　澤　　正 | |
| 編　者 | 有限責任中間法人エコステージ協会 | |
| 発行人 | 小　山　　薫 | |

検印省略

発行所　株式会社　日科技連出版社
〒151-0051　東京都渋谷区千駄ケ谷5-4-2
電話　出版　03-5379-1244
　　　営業　03-5379-1238～9
振替口座　東京 00170-1-7309

Printed in Japan　　　　　　　印刷・製本　壮光舎印刷㈱

Ⓒ　ECO STAGE INSTITUTE 2004
ISBN4-8171-9066-3
URL  http://www.juse-p.co.jp/